前身中子星

PSR J0740+6620的理论研究

赵先锋　著

四川大学出版社
SICHUAN UNIVERSITY PRESS

图书在版编目（CIP）数据

前身中子星 PSR J0740+6620 的理论研究 / 赵先锋著．
成都 ：四川大学出版社，2024. 8. --（数理科学研究）.
ISBN 978-7-5690-7262-4

Ⅰ．P145.6

中国国家版本馆 CIP 数据核字第 2024XK4296 号

书　　名：前身中子星 PSR J0740+6620 的理论研究
Qianshen Zhongzixing PSR J0740+6620 de Lilun Yanjiu
著　　者：赵先锋
丛 书 名：数理科学研究

丛书策划：蒋　玙
选题策划：胡晓燕
责任编辑：胡晓燕
责任校对：蒋　玙
装帧设计：墨创文化
责任印制：李金兰

出版发行：四川大学出版社有限责任公司
地址：成都市一环路南一段 24 号（610065）
电话：（028）85408311（发行部）、85400276（总编室）
电子邮箱：scupress@vip.163.com
网址：https://press.scu.edu.cn
印前制作：成都完美科技有限责任公司
印刷装订：成都金阳印务有限责任公司

成品尺寸：170mm×240mm
印　　张：10.75
字　　数：187 千字

版　　次：2024 年 9 月 第 1 版
印　　次：2024 年 9 月 第 1 次印刷
定　　价：68.00 元

本社图书如有印装质量问题，请联系发行部调换

扫码获取数字资源

四川大学出版社
微信公众号

前　言

超新星爆发后先在核心产生前身中子星，之后通过中微子辐射放出能量而冷却形成中子星。中子星的质量对于中子星物质的物态方程具有约束作用，尤其是大质量中子星质量的约束作用更强。继发现大质量中子星 PSR J1614-2230、PSR J0348+0432 之后，2020 年，天文观测又发现了迄今质量最大的中子星 PSR J0740+6620。前身中子星的研究对于中子星的产生和演化、天体物理学、粒子物理学和核物理学都具有重要意义。相对论平均场理论在描述有限核物质方面很有效，在描述无限核物质如中子星物质方面也很有效；但对于大质量前身中子星 PSR J0740+6620 相关性质的描述是否有效，还有待进一步计算研究。

本书共分 5 章，第 1 章介绍了前身中子星的计算理论，第 2 章研究了核子耦合参数对前身中子星 PSR J0740+6620 的影响，第 3 章研究了超子相互作用对前身中子星 PSR J0740+6620 的影响，第 4 章研究了温度对前身中子星 PSR J0740+6620 的影响，第 5 章研究了超子在饱和核物质中的势阱深度对前身中子星 PSR J0740+6620 的影响。

本书撰写期间，得到了西南石油大学理学院党委书记刘廷平教授、院长宋国杰教授的鼓励与支持，在此深表谢意！

限于作者水平，书中难免存在不妥之处，恳请广大读者批评指正。

2024 年 2 月于西南石油大学成都校区

前　言

目　录

1　前身中子星的计算理论

1.1　前身中子星的相对论平均场理论

1932 年,Chadwick 在实验室发现了中子的存在[1],不久, Landau 据此推测可能会存在由中子组成的中子星[2]。1934 年,Baade 和 Zwicky 提出了在超新星爆发中,核心会诞生中子星[3]。1968 年,Hewish 等第一次在天文观测中发现了中子星[4]。

当恒星的质量 $M>8M_{\odot}$时,通过超新星爆发,核心会形成中子星。这些方面的理论计算涉及四种基本的自然力(引力相互作用、电磁相互作用、强相互作用和弱相互作用)的相关知识。核心内爆的时间在 0.5 秒到 1.0 秒之间,然后被核心的反弹和随后产生的强激波所打断,这就是超新星的婴儿期。在几毫秒内,富含轻子的核心就进入了流体静力平衡状态。这样的前身中子星不像大多数研究人员所熟悉的具有冷而紧凑的结构。只有经过几十秒准静压的热、结构和成分的重新调整,残留物才成为中子星。伴随着中子星的形成,大部分能量损失(大约是 10^{53}erg 的倍数)发生在这个长期的开尔文-亥姆霍兹(Kelvin-Helmholtz)阶段,而不是在之前的快速坍落阶段。由于只有几倍 10^{51}erg 的能量与超新星爆发有关,所以超新星爆发只是中子星诞生这一主要事件的一小部分。我们可以利用地球上的切伦科夫(Cherenkov)探测器、闪烁探测器或放射化学中微子探测器来观测驱动开尔文-亥姆霍兹阶段的长期中微子发射,但是却观测不到早期的动力学阶段[5]。

相对论平均场理论可以很好地描述核物质的体积性质以及有限核的大量单粒子性质。经过适当的扩展,该理论可以用于研究脱离正常状态、在极端温度或密度条件下的物质,例如在相对论性核碰撞中产生的物质、在产生超新星的反弹之前的恒星坍缩中形成的物质,以及存在于恒星核心的中子星物质。除了与物质正常状态相对应的解之外,该理论还可能拥有与不同场构型相对应的附加解。原因是标量场的场方程是非线性的,这种非线性是费米子与标量场的汤川耦合所固有的。标量场场方程的非线性,除了允许物质的正常状态,还允许存在其他解。其中之一就是有限温度的异常相,其特征是重子有效质量低,重子-反重子对丰富,熵较高。在很窄的温度范围内,物质可以在零压力下以异常相存在。这是一个热亚稳态,有一个防止衰变的势垒。因为重子场的结构与正常状态不同,所以重子的质量与真空质量相差很大,重子-反重子对的质量也与真空质量相差很大,相应地,这种异常相物质也有很高的熵。重子-反重子对的丰富是将物质粘合在一起的粘合剂。这种异常相物质的碎片是通过发射主要由光子、轻子对和介子组成的黑体辐射谱来冷却的,不是通过发射重子来冷却的。因为重子离它们的真空质量很远。当物质的温度大约小于 148 MeV 时,不会有异常相存在[6]。

对于巨正则系综,系统的配分函数为[7]

$$Z = \mathrm{Tr}\{\exp[-(\hat{H}-\mu\hat{N})/T]\} \tag{1.1-1}$$

式中,$\hat{H}$ 和 $\hat{N}$ 分别为系统的哈密顿算符和粒子数算符,μ 为化学势,T 是温度。由此可得系统的热力学势:

$$\Omega = -T\ln Z \tag{1.1-2}$$

以及任何可观察量的统计平均值

$$\langle O\rangle = \frac{\mathrm{Tr}\{\exp[-(\hat{H}-\mu\hat{N})/T]\hat{O}\}}{\mathrm{Tr}\{\exp[-(\hat{H}-\mu\hat{N})/T]\}} \tag{1.1-3}$$

式中,$\hat{O}$ 为可观察量的算符。

利用式(1.1-1)和其他有关热力学关系,可进一步求得系统的能量密度(ε)、粒子数密度(n)、熵密度(s)和压强(p),即

$$\varepsilon = \frac{T^2}{V}\frac{\partial}{\partial T}\ln Z + \mu n \tag{1.1-4}$$

$$n = \frac{T}{V}\frac{\partial}{\partial \mu}\ln Z \tag{1.1-5}$$

$$s = \frac{1}{V}\frac{\partial}{\partial T}(T\ln Z) \tag{1.1-6}$$

$$p = \frac{T}{V}\ln Z \tag{1.1-7}$$

式中,V 为体积。它们还满足关系式

$$\varepsilon = -p + sT + \mu n \tag{1.1-8}$$

对于理想玻色气体，有

$$Z_{B^*} = \prod_i \left[1 - e^{(\mu - \varepsilon_i)/T}\right]^{-1} \tag{1.1-9}$$

$$\Omega_{B^*} = T \sum_i \ln\left[1 - e^{(\mu - \varepsilon_i)/T}\right] \tag{1.1-10}$$

式中，下标 B^* 表示玻色子，以区别 B 表示的重子。

对于理想费米气体，有

$$Z_F = \prod_i \left[1 + e^{(\mu - \varepsilon_i)/T}\right] \tag{1.1-11}$$

$$\Omega_F = -T \sum_i \ln\left[1 + e^{(\mu - \varepsilon_i)/T}\right] \tag{1.1-12}$$

式中，ε_i 为单粒子能量。

有限温度中子星物质由具有各种动量 k 的各种重子 $B(B=\Lambda,\Sigma,\Xi)$ 和其反重子 $\bar{B}$，以及各种被热激发的介子组成。将式(1.1-1)中的 $\mu\hat{N}$ 做如下替换：

$$\mu\hat{N} \to \sum_{B,p} (\mu_B \hat{N}_{Bp} + \bar{\mu}_B \hat{\bar{N}}_{Bp}) \tag{1.1-13}$$

式中，μ_B 和 $\bar{\mu}_B$ 表示重子 B 和其反重子 $\bar{B}$ 的化学势。

系统的哈米顿算符为

$$\hat{H} = -\langle L\rangle V + \sum_{B,k} \{\varepsilon_B(k)\hat{N}_{Bk} + \bar{\varepsilon}_B(k)\hat{\bar{N}}_{Bk}\} + \sum_{M,k} \{\varepsilon_M(k)\hat{N}_{Mk}\} \tag{1.1-14}$$

式中，$\langle L\rangle$ 为拉氏量密度，下面将给出其表达式。

$\varepsilon_M(k)$ 表示热激发介子的能量：

$$\varepsilon_M(k) = \sqrt{k^2 + m_M^2} \tag{1.1-15}$$

考虑到重子和介子分别是费米子和玻色子，可得[7]

$$\ln Z = \frac{V}{T}\langle L\rangle + \sum_{B,k} \left\{\ln\left[1 + e^{-(\varepsilon_B(k) - \mu_B)/T}\right] + \ln\left[1 + e^{-(\bar{\varepsilon}_B(k) - \bar{\mu}_B)/T}\right]\right\} - \sum_{M,k} \ln\left[1 - e^{-\varepsilon_M(k)/T}\right] \tag{1.1-16}$$

数密度可以由式(1.1-5)得到

$$n_B(k) = \frac{1}{1 + \exp[(\varepsilon_B(k) - \mu_B)/T]} \tag{1.1-17}$$

关于反重子的上述各物理量的表达式可以由上述重子表达式的得出过程类似得到。

介子的数密度为

$$n_M(k)=\frac{1}{\exp[\varepsilon_M(k)/T]-1} \tag{1.1-18}$$

一般地,我们将式(1.1-14)和式(1.1-16)中的求和运算变换为积分运算:

$$\sum_k \to \frac{(2J_{B,M}+1)}{2\pi^2}\int_0^\infty k^2 \mathrm{d}k \tag{1.1-19}$$

式中,$J_{B,M}$ 表示重子和介子的自旋。这样可以得到

$$\ln Z=\frac{V}{T}\langle L\rangle+\sum_B \frac{(2J_B+1)}{2\pi^2}\int_0^\infty k^2 \mathrm{d}k\Big\{\ln[1+\mathrm{e}^{-(\varepsilon_B(k)-\mu_B)/T}]+\ln[1+\mathrm{e}^{-(\bar{\varepsilon}_B(k)-\bar{\mu}_B)/T}]\Big\}-\sum_M \frac{(2J_M+1)}{2\pi^2}\int_0^\infty k^2 \mathrm{d}k\ln[1-\mathrm{e}^{-\varepsilon_M(k)/T}] \tag{1.1-20}$$

超子之间通过交换介子 $f_0(975)$(记为 σ^*)和 $\varphi(1020)$(记为 φ)而发生相互作用[8]。考虑到超子之间的相互作用,强子物质的拉氏量密度为[7]

$$L=\sum_B \bar{\Psi}_B(i\gamma_\mu\partial^\mu-m_B+g_{\sigma B}\sigma+g_{\sigma^* B}\sigma^*-g_{\omega B}\gamma^0\omega-g_{\varphi B}\gamma^0\varphi-g_{\rho B}\gamma^0\tau_0\rho)\Psi_B-\frac{1}{2}m_\sigma^2\sigma^2-\frac{1}{3}g_2\sigma^3-\frac{1}{4}g_3\sigma^4-\frac{1}{2}m_{\sigma^*}^2\sigma^{*2}+\frac{1}{2}m_\omega^2\omega^2+\frac{1}{2}m_\rho^2\rho^2+\frac{1}{2}m_\varphi^2\varphi^2+\sum_{\lambda=\mathrm{e},\mu}\bar{\Psi}_\lambda(i\gamma_\mu\partial^\mu-M_\lambda)\Psi_\lambda \tag{1.1-21}$$

式中,Ψ_B 是重子 B 的狄拉克旋量,相应的重子质量为 m_B。σ、ω、ρ、σ^*、φ 分别是介子 σ、ω、ρ、σ^*、φ 的场算符,m_σ、m_ω、m_ρ、m_{σ^*}、m_φ 表示介子 σ、ω、ρ、σ^*、φ 的质量,m_λ 表示轻子(电子 e 和缪子 μ)的质量。$g_{\sigma B}$、$g_{\omega B}$、$g_{\rho B}$、$g_{\sigma^* B}$、$g_{\varphi B}$ 分别是介子 σ、ω、ρ、σ^*、φ 的与重子 B 的耦合常数。$\frac{1}{3}g_2\sigma^3+\frac{1}{4}g_3\sigma^4$ 表示介子 σ 的自相互作用能,其中的 g_2 和 g_3 是介子 σ 的自相互作用参数。拉格朗日密度式(1.1-21)的最后一项表示电子 e 和谬子 μ 的贡献。

介子 ω、ρ 的场只有时间分量,即

$$\begin{cases}\omega_i=0,\\ \rho_{i3}=0,\end{cases}\quad(i=1,2,3) \tag{1.1-22}$$

在应用了相对论平均场近似后,拉氏量密度变为

$$\langle L\rangle=-\frac{1}{2}m_\sigma^2\sigma^2-\frac{1}{3}g_2\sigma^3-\frac{1}{4}g_3\sigma^4-\frac{1}{2}m_{\sigma^*}^2\sigma^{*2}+\frac{1}{2}m_\omega^2\omega_0^2+\frac{1}{2}m_\varphi^2\varphi_0^2+\frac{1}{2}m_\rho^2\rho_{03}^2 \tag{1.1-23}$$

根据能量最低原理,前身中子星物质中粒子间的相互作用应该能够使得热力学势最小。对热力学势进行变分得到

$$\frac{\delta\Omega}{\delta\sigma}=\frac{\delta\Omega}{\delta\sigma^*}=\frac{\delta\Omega}{\delta\omega_0}=\frac{\delta\Omega}{\delta\varphi_0}=\frac{\delta\Omega}{\delta\rho_{03}}=0 \tag{1.1-24}$$

得介子场方程为

$$m_\sigma^2\sigma=-g_2\sigma^2-g_3\sigma^3+\sum_B\frac{2J_B+1}{2\pi^2}g_{\sigma B}\times$$
$$\int_0^\infty\frac{m_B-g_{\sigma B}\sigma}{\sqrt{k^2+(m_B-g_{\sigma B}\sigma)^2}}\left\{\exp[(\varepsilon_B(k)-\mu_B)/T]+1\right\}^{-1}k^2\mathrm{d}k \tag{1.1-25}$$

$$m_\omega^2\omega_0=\sum_B\frac{2J_B+1}{2\pi^2}g_{\omega B}b_B\int_0^\infty\left\{\exp[(\varepsilon_B(k)-\mu_B)/T]+1\right\}^{-1}k^2\mathrm{d}k \tag{1.1-26}$$

$$m_\rho^2\rho_{03}=\sum_B\frac{2J_B+1}{2\pi^2}g_{\rho B}I_{3B}b_B\int_0^\infty\left\{\exp[(\varepsilon_B(k)-\mu_B)/T]+1\right\}^{-1}k^2\mathrm{d}k \tag{1.1-27}$$

$$m_{\sigma^*}^2\sigma^*=\sum_B\frac{2J_B+1}{2\pi^2}g_{\sigma^*B}\times$$
$$\int_0^\infty\frac{m_B-g_{\sigma B}\sigma-g_{\sigma^*B}\sigma^*}{\sqrt{k^2+(m_B-g_{\sigma B}\sigma-g_{\sigma^*B}\sigma^*)^2}}\left\{\exp[(\varepsilon_B(k)-\mu_B)/T]+1\right\}^{-1}k^2\mathrm{d}k \tag{1.1-28}$$

$$m_\varphi^2\varphi_0=\sum_B\frac{2J_B+1}{2\pi^2}g_{\varphi B}b_B\int_0^\infty\left\{\exp[(\varepsilon_B(k)-\mu_B)/T]+1\right\}^{-1}k^2\mathrm{d}k \tag{1.1-29}$$

式中,b_B,I_{3B} 分别是重子 B 的重子数和重子 B 的同位旋 3 分量。

重子的狄拉克方程为

$$\left(i\gamma_\mu k^\mu-M_B+g_{\sigma B}\sigma+g_{\sigma^*B}\sigma^*-g_{\omega B}\gamma_0\omega_0-g_{\varphi B}\gamma_0\varphi_0-\frac{1}{2}g_{\rho B}\gamma_0\tau_3\rho_{03}\right)\varphi_B(k,\lambda)=0 \tag{1.1-30}$$

能量本征值为

$$\mathrm{e}_B(k)=\sqrt{k^2+(m_B-g_{\sigma B}\sigma-g_{\sigma^*B}\sigma^*)^2}+g_{\omega B}\omega_0+g_{\varphi B}\varphi_0+g_{\rho B}\rho_{03}I_{3B} \tag{1.1-31}$$

式中,σ,σ^*,ω_0,φ_0 和 ρ_{03} 表示静态期望值。

由于 β 平衡,得到化学平衡式为

$$\mu_i=b_i\mu_b+q_i\mu_q \tag{1.1-32}$$

总重子数密度为

$$\rho = \sum_B \frac{2J_B + 1}{2\pi^2} b_B \int_0^\infty \left\{ \exp[(\varepsilon_B(k) - \mu_B)/T] + 1 \right\}^{-1} k^2 \mathrm{d}k \quad (1.1-33)$$

电中性条件表示为

$$0 = \sum_B \frac{2J_B + 1}{2\pi^2} q_B \int_0^\infty \left\{ \exp[(\varepsilon_B(k) - \mu_B)/T] + 1 \right\}^{-1} k^2 \mathrm{d}k +$$

$$\sum_\lambda \frac{2J_B + 1}{2\pi^2} q_\lambda \int_0^\infty \left\{ \exp[(\varepsilon_B(k) - \mu_B)/T] + 1 \right\}^{-1} k^2 \mathrm{d}k \quad (1.1-34)$$

式中，$\varepsilon_\lambda(k) = \sqrt{m_\lambda^2 + k^2}$。

能量密度和压强分别为

$$\varepsilon = \frac{1}{2} m_\sigma^2 \sigma^2 + \frac{1}{3} g_2 \sigma^3 + \frac{1}{4} g_3 \sigma^4 + \frac{1}{2} m_{\sigma^*}^2 \sigma^{*2} + \frac{1}{2} m_\omega^2 \omega_0^2 + \frac{1}{2} m_\varphi^2 \varphi_0^2 + \frac{1}{2} m_\rho^2 \rho_{03}^2 +$$

$$\sum_B \frac{2J_B + 1}{2\pi^2} \int_0^\infty \sqrt{k^2 + (m_B - g_{\sigma B}\sigma - g_{\sigma^* B}\sigma^*)^2} \left\{ \exp[(\varepsilon_B(k) - \mu_B)/T] + 1 \right\}^{-1} k^2 \mathrm{d}k +$$

$$\sum_\lambda \frac{2J_\lambda + 1}{2\pi^2} \int_0^\infty \sqrt{k^2 + m_\lambda^2} \left\{ \exp[(\varepsilon_\lambda(k) - \mu_\lambda)/T] + 1 \right\}^{-1} k^2 \mathrm{d}k \quad (1.1-35)$$

$$p = -\frac{1}{2} m_\sigma^2 \sigma^2 - \frac{1}{3} g_2 \sigma^3 - \frac{1}{4} g_3 \sigma^4 - \frac{1}{2} m_{\sigma^*}^2 \sigma^{*2} + \frac{1}{2} m_\omega^2 \omega_0^2 + \frac{1}{2} m_\varphi^2 \varphi_0^2 + \frac{1}{2} m_\rho^2 \rho_{03}^2 +$$

$$\frac{1}{3} \sum_B \frac{2J_B + 1}{2\pi^2} \int_0^\infty \frac{k^2}{\sqrt{k^2 + (m_B^2 - g_{\sigma B}\sigma - g_{\sigma^* B}\sigma^*)^2}} \left\{ \exp[(\varepsilon_B(k) - \mu_B)/T] + 1 \right\}^{-1} k^2 \mathrm{d}k +$$

$$\frac{1}{3} \sum_\lambda \frac{2J_\lambda + 1}{2\pi^2} \int_0^\infty \frac{k^2}{\sqrt{k^2 + (m_B^2 - g_{\sigma B}\sigma - g_{\sigma^* B}\sigma^*)^2}} \left\{ \exp[(\varepsilon_\lambda(k) - \mu_\lambda)/T] + 1 \right\}^{-1} k^2 \mathrm{d}k$$

$$(1.1-36)$$

在某一温度 T 下给定一个重子数密度 ρ，则由五个介子场方程（1.1-25）~（1.1-29）、总重子数守恒方程（1.1-33）、电中性条件（1.1-34）以及化学平衡式（1.1-32）组成的方程组联立求解，就可得到五个介子场强（$\sigma, \omega_0, \rho_{03}, \sigma^*, \varphi_0$）和两个独立的化学势——中子化学势（$\mu_n$）和电子化学势（$\mu_e$），进而可计算前身中子星内各种粒子的密度分布和状态方程，由此可计算前身中子星的质量和半径等。

1.2 前身中子星的质量和半径

在解决星体的结构问题时,必须知道能量来源的分布及其对星体内部物理条件的依赖。如果不了解星体内部产生能量的物理过程,就无法理解它的内部结构。人们发现,对于给定的恒星物质状态方程,解的许多重要性质(如质量-光度定律)对能量来源分布的假设选择相当不敏感,但对广泛的模型是共同的[9]。

1932 年,Landau 提出,与其仅仅为了数学上的方便而对能量的来源做出武断的假设,不如首先研究不产生能量、也没有辐射的一定质量物质平衡的物理性质。希望这样的研究能对考虑能量产生的更普遍的情况提供一些参考。这样的模型可以很好地描述白矮星,它表明白矮星内的压强基本是由密度而不是温度决定的。但是,这样的模型在描述一个正常主序星压强时是完全失效的。因为主序星物质是非简并的,能源以及随之而来的温度的存在使得压力梯度在决定平衡条件时起主要作用。我们已知,一个考虑能源的模型的稳定性要依赖于能源的温度敏感性,以及对温度变化的响应是否存在时滞。然而。如果认为恒星能量的主要来源是热核反应(至少在主序星中),那么,我们在讨论一颗正常的主序星在所有可用于热核反应的元素耗尽后最终会发生什么时,Landau 所考虑的极限情况就变得很有意义了。Landau 的研究结果表明,一个由冷简并费米气体组成的模型,对于大于某个临界值的质量,不存在稳定的平衡结构,所有较大的质量都倾向于坍缩。对于平均每个电子电荷有两个质子质量的电子和核子的混合物,Landau 发现临界质量大约是 $1.50M_{\odot}$。一般来说,临界质量与每个粒子质量的平方成反比,这个平方是通过将总质量分散在那些基本上决定费米气体压力的粒子上得到的[2]。

有一种可能是质量不够大的恒星在所有的热核能量源(至少是恒星的中心物质)耗尽后,会形成一个浓缩的中子星核。Oppenheimer 和 Serber 已经估算了这样一个核稳定的最小质量,他们考虑到核力的一些影响,给出的合理最小质量为 $0.10M_{\odot}$。Landau 认为,随着引力能的释放,这种核的逐渐增长是恒星能量的一种可能来源。对于这个方面可以提出这样一个问题:这种关于恒星最终状态的模型是否适用于任意质量的恒星,即研究这种中子星核的可能大小是否有上限。Landau 对冷相对论简并费米气体的原始结果给出了在中子气体情况下恒星质量大约为 $6M_{\odot}$ 的上限,超过这个上限,恒星核心就不稳定,就会趋于坍缩。对这一结果可能会有两种反对意见:一个是这一结果是在牛顿引力理论的基础上获得的,而对于如此高的质量和密度,必须考虑广义相对论效应。另一种是费米气体在整个核心中是相对论简并的。可以预期的是,一方面,由于中子的大质量,非相对论简并态方程可能更适合于核心的大部分区域;另一方面,中子动能的引力效应也不能忽视[9]。基于上述考虑,Oppenheimer 等试图确定,根据广义相对论引力理论得到的理论结果与牛顿引力理论得到的结果会有哪些不同[9-10]。进一步地,他们还给出了球对称物质分布平衡的广义相对论结果。

球对称系统的线元可写为

$$\begin{aligned} ds^2 &= \begin{bmatrix} e^{2\nu(r)} & 0 & 0 & 0 \\ 0 & -e^{2\lambda(r)} & 0 & 0 \\ 0 & 0 & -r^2 & 0 \\ 0 & 0 & 0 & -r^2\sin^2\theta \end{bmatrix} \begin{bmatrix} dt^2 \\ dr^2 \\ d\theta^2 \\ d\varphi^2 \end{bmatrix} \\ &= e^{2\nu(r)}dt^2 - e^{2\lambda(r)}dr^2 - r^2 d\theta^2 - r^2\sin^2\theta d\varphi^2 \end{aligned} \quad (1.2-1)$$

爱因斯坦引力场方程可写为

$$R_{\mu\nu} - \frac{1}{2}Rg_{\mu\nu} = -\frac{8\pi G}{c^4}T_{\mu\nu} \quad (1.2-2)$$

式中,$R_{\mu\nu}$ 为里奇张量,R 为标量曲率,$T_{\mu\nu}$ 为能量-动量张量。

里奇张量($R_{\mu\nu}$)的表达式为

$$R_{\mu\nu} = \Gamma^{\alpha}_{\mu\alpha,\nu} - \Gamma^{\alpha}_{\mu\nu,\alpha} - \Gamma^{\alpha}_{\mu\nu}\Gamma^{\beta}_{\alpha\beta} + \Gamma^{\alpha}_{\mu\beta}\Gamma^{\beta}_{\nu\alpha} \quad (1.2-3)$$

黎曼空间的仿射联络的表达式为

$$\Gamma^{\lambda}_{\mu\nu} = \frac{1}{2}g^{\lambda k}(g_{k\nu,\mu} + g_{k\mu,\nu} - g_{\mu\nu,k}) \quad (1.2-4)$$

在局域坐标系中:

$$\Gamma^{\lambda}_{\mu\nu} = \Gamma^{\lambda}_{\nu\mu} \quad (1.2-5)$$

经过计算,不为零的 $\Gamma^{\lambda}_{\mu\nu}$ 的表达式为

$$\begin{cases} \Gamma^{1}_{00} = \nu' e^{2(\nu-\lambda)}, \Gamma^{0}_{01} = \nu' \\ \Gamma^{0}_{10} = \nu', \Gamma^{1}_{11} = \lambda', \Gamma^{2}_{12} = \Gamma^{3}_{13} = \dfrac{1}{r} \\ \Gamma^{2}_{21} = \dfrac{1}{r}, \Gamma^{1}_{22} = -re^{-2\lambda}, \Gamma^{3}_{23} = \cot\theta \\ \Gamma^{3}_{31} = \dfrac{1}{r}, \Gamma^{3}_{32} = \cot\theta, \Gamma^{1}_{33} = -re^{-2\lambda}\sin^2\theta, \Gamma^{2}_{33} = -\sin\theta\cos\theta \end{cases} \quad (1.2-6)$$

其余的 $\Gamma_{\mu\nu}^{\lambda}$ 皆为零。

由表达式(1.2-3),里奇张量($R_{\mu\nu}$)亦可表示为

$$R_{\mu\nu}=\frac{\mathrm{d}\Gamma_{\mu\alpha}^{\alpha}}{\mathrm{d}x_{\nu}}-\frac{\mathrm{d}\Gamma_{\mu\nu}^{\alpha}}{\mathrm{d}x_{\alpha}}-\Gamma_{\mu\nu}^{\alpha}\Gamma_{\alpha\beta}^{\beta}+\Gamma_{\mu\beta}^{\alpha}\Gamma_{\nu\alpha}^{\beta} \tag{1.2-7}$$

可求如下里奇张量($R_{\mu\nu}$)的值:

(1)$\mu=0,\nu=0$。

$$\begin{aligned}R_{00}&=\frac{\mathrm{d}\Gamma_{0\alpha}^{\alpha}}{\mathrm{d}x_{0}}-\frac{\mathrm{d}\Gamma_{00}^{\alpha}}{\mathrm{d}x_{\alpha}}-\Gamma_{00}^{\alpha}\Gamma_{\alpha\beta}^{\beta}+\Gamma_{0\beta}^{\alpha}\Gamma_{0\alpha}^{\beta}\\&=\left(-\nu''+\nu'\lambda'-\nu'^{2}-\frac{2\nu'}{r}\right)\mathrm{e}^{2(\nu-\lambda)}\end{aligned} \tag{1.2-8}$$

(2)$\mu=1,\nu=1$。

$$\begin{aligned}R_{11}&=\frac{\mathrm{d}\Gamma_{1\alpha}^{\alpha}}{\mathrm{d}x_{1}}-\frac{\mathrm{d}\Gamma_{11}^{\alpha}}{\mathrm{d}x_{\alpha}}-\Gamma_{11}^{\alpha}\Gamma_{\alpha\beta}^{\beta}+\Gamma_{1\beta}^{\alpha}\Gamma_{1\alpha}^{\beta}\\&=\nu''+\nu'^{2}-\nu'\lambda'-\frac{2\lambda'}{r}\end{aligned} \tag{1.2-9}$$

(3)$\mu=2,\nu=2$。

$$\begin{aligned}R_{22}&=\frac{\mathrm{d}\Gamma_{2\alpha}^{\alpha}}{\mathrm{d}x_{2}}-\frac{\mathrm{d}\Gamma_{22}^{\alpha}}{\mathrm{d}x_{\alpha}}-\Gamma_{22}^{\alpha}\Gamma_{\alpha\beta}^{\beta}+\Gamma_{2\beta}^{\alpha}\Gamma_{2\alpha}^{\beta}\\&=\mathrm{e}^{-2\lambda}(1+r\nu'-r\lambda')-1\end{aligned} \tag{1.2-10}$$

(4)$\mu=3,\nu=3$。

$$\begin{aligned}R_{33}&=\frac{\mathrm{d}\Gamma_{3\alpha}^{\alpha}}{\mathrm{d}x_{3}}-\frac{\mathrm{d}\Gamma_{33}^{\alpha}}{\mathrm{d}x_{\alpha}}-\Gamma_{33}^{\alpha}\Gamma_{\alpha\beta}^{\beta}+\Gamma_{3\beta}^{\alpha}\Gamma_{3\alpha}^{\beta}\\&=R_{22}\sin^{2}\theta\end{aligned} \tag{1.2-11}$$

在爱因斯坦引力场方程(1.2-2)中,标量曲率为

$$R=g^{\mu\nu}R_{\mu\nu} \tag{1.2-12}$$

即

$$\begin{aligned}R&=g^{00}R_{00}+g^{11}R_{11}+g^{22}R_{22}+g^{33}R_{33}\\&=\mathrm{e}^{-2\lambda}\left(-2\nu''+2\nu'\lambda'-2\nu'^{2}-\frac{4\nu'}{r}+\frac{4\lambda'}{r}-\frac{2}{r^{2}}\right)+\frac{2}{r^{2}}\end{aligned} \tag{1.2-13}$$

在爱因斯坦引力场方程(1.2-2)中,能量动量张量($T_{\mu\nu}$)由广义协变性原理得到:

$$T^{\mu\nu} = -pg^{\mu\nu} + (p+\varepsilon)u^{\mu}u^{\nu} \tag{1.2-14}$$

式中，u^{μ}，u^{ν} 为四维速度，定义为

$$u^{\mu} = \frac{\mathrm{d}x^{\mu}}{\mathrm{d}\tau},\ u^{\nu} = \frac{\mathrm{d}x^{\nu}}{\mathrm{d}\tau} \tag{1.2-15}$$

四维速度满足

$$g_{\mu\nu}u^{\mu}u^{\nu} = 1 \tag{1.2-16}$$

$$u^{\mu} = 0(\mu \neq 0),\ u^{0} = \frac{1}{\sqrt{g_{00}}} \tag{1.2-17}$$

且有

$$g_{0}^{0} = g_{00}g^{00} = 1 \tag{1.2-18}$$

$$g_{\beta}^{\alpha} = g^{\alpha\mu}g_{\mu\beta} \tag{1.2-19}$$

经过计算，能量动量张量诸分量为

$$\begin{cases} T_{0}^{\ 0} = \varepsilon \\ T_{1}^{\ 1} = T_{2}^{\ 2} = T_{3}^{\ 3} = -p \end{cases} \tag{1.2-20}$$

用度规张量 $g^{\nu\alpha}$ 右乘爱因斯坦引力场方程(1.2-2)，有

$$R_{\mu\nu}g^{\nu\alpha} - \frac{1}{2}Rg_{\mu\nu}g^{\nu\alpha} = -\frac{8\pi G}{c^4}T_{\mu}^{\alpha} \tag{1.2-21}$$

(1)令 $\mu=\alpha=0$，由式(1.2-13)和式(1.2-21)得：

$$\mathrm{e}^{-2\lambda}\left(\frac{2\lambda'}{r} - \frac{1}{r^2}\right) + \frac{1}{r^2} = \frac{8\pi G}{c^4}\varepsilon \tag{1.2-22}$$

(2)令 $\mu=\alpha=1$，由式(1.2-13)和式(1.2-21)得：

$$\left(\frac{2\nu'}{r} + \frac{1}{r^2}\right)\mathrm{e}^{-2\lambda} - \frac{1}{r^2} = \frac{8\pi G}{c^4}p \tag{1.2-23}$$

(3)令 $\mu=\alpha=2$，由式(1.2-13)和式(1.2-21)得到

$$\left(\nu'' - \nu'\lambda' + \nu'^2 + \frac{\nu' - \lambda'}{r}\right)\mathrm{e}^{-2\lambda} = \frac{8\pi G}{c^4}p \tag{1.2-24}$$

令 $G=c=1$，则式(1.2-22)、式(1.2-23)和式(1.2-24)可分别表示为

$$\mathrm{e}^{-2\lambda}\left(\frac{2\lambda'}{r} - \frac{1}{r^2}\right) + \frac{1}{r^2} = 8\pi\varepsilon \tag{1.2-25}$$

$$\mathrm{e}^{-2\lambda}\left(\frac{2\nu'}{r} + \frac{1}{r^2}\right) - \frac{1}{r^2} = 8\pi p \tag{1.2-26}$$

$$e^{-2\lambda}\left(\nu'' - \nu'\lambda' + \nu'^2 + \frac{\nu' - \lambda'}{r}\right) = 8\pi p \tag{1.2-27}$$

由式(1.2-25)得

$$e^{-2\lambda} = 1 - \frac{8\pi}{r}\int_0^r \varepsilon r^2 \mathrm{d}r \tag{1.2-28}$$

定义中子星质量:

$$M = 4\pi\int_0^r \varepsilon r^2 \mathrm{d}r \tag{1.2-29}$$

径向坐标 r 延伸至压强消失处,中子星半径为 r。

则式(1.2-28)可表为

$$e - 2\lambda = 1 - \frac{2M}{r} \tag{1.2-30}$$

或者

$$e^{2\lambda} = \frac{r}{r - 2M} \tag{1.2-31}$$

另外,由式(1.2-25)得

$$2r\lambda' = e^{2\lambda}(8\pi\varepsilon r^2 - 1) + 1$$

令

$$\alpha = 8\pi\varepsilon r^2 - 1 \tag{1.2-32}$$

则(1.2-32)式表示为

$$2r\lambda' = \alpha e^{2\lambda} + 1 \tag{1.2-33}$$

由式(1.2-26)得

$$2r\nu' = e^{2\lambda}(8\pi p r^2 + 1) - 1 \tag{1.2-34}$$

令

$$\beta = 8\pi p r^2 + 1 \tag{1.2-35}$$

则(1.2-35)式表示为

$$2r\nu' = \beta e^{2\lambda} - 1 \tag{1.2-36}$$

对式(1.2-34)微分,得

$$2r^2\nu'' = \alpha\beta e^{4\lambda} + e^{2\lambda}8\pi p' r^3 + e^{2\lambda}16\pi p r^2 + 1 \tag{1.2-37}$$

将式(1.2-36)两边平方,然后两边同除以2,得

$$2r^2\nu'^2 = \frac{1}{2}\beta^2 e^{4\lambda} - \beta e^{2\lambda} + \frac{1}{2} \tag{1.2-38}$$

将 $2r^2$ 乘以式(1.2-27)两边,得表达式

$$e^{-2\lambda}(2r^2\nu'' - 2r^2\nu'\lambda' + 2r^2\nu'^2 + 2r\nu' - 2r\lambda') = 16\pi 2r^2 p \quad (1.2-39)$$

将式(1.2-31)、式(1.2-33)、式(1.2-36)、式(1.2-37)和式(1.2-38)代入式(1.2-39),得

$$\frac{dp}{dr} = \frac{(\alpha + \beta)(1 - \beta e^{2\lambda})}{16\pi r^3}$$

将式(1.2-31)、式(1.2-32)和式(1.2-35)代入上式,得

$$\frac{dp}{dr} = -\frac{(p + \varepsilon)(M - 4\pi r^3 p)}{r(r - 2M)} \quad (1.2-40)$$

式中,$p=p(r)$,$\varepsilon=\varepsilon(r)$,它们分别为中子星物质的压强和能量密度,均为半径 r 的函数;M 为前身中子星的质量。

式(1.2-40)和式(1.2-29)称为托尔曼-奥本海默-沃尔科夫(Tolman-Oppenheimer-Volkoff ,TOV)方程,利用它可以求解前身中子星的质量和半径。

1.3 前身中子星的转动惯量

有研究者认为,中子星的旋转可能在其径向振荡的阻尼中发挥重要作用。在他们所绘制的图像中,由旋转引起的平衡图形的变形将耦合径向和四极振动模式,允许以径向模式存储的能量以重力方式辐射出去。他们估计,这种四极辐射是一种非常有效的阻尼振动机制。

中子星的旋转也被一些研究者认为是超新星残骸的一种可能的能量来源,尽管这种能量释放机制还没有被研究清楚。他们研究了超大质量恒星的旋转作为防止恒星在核燃烧开始前引力坍缩的可能机制。如果一颗非旋转的超大质量恒星的质量远远大于 $10^6 M_{\odot}$,那么它在核燃烧开始时就不可能是引力稳定的。然而,对于一颗在引力坍缩之前燃烧核燃料的恒星,在后牛顿近似下对旋转效应的计算给出了最多约 $10^8 M_{\odot}$ 的质量极限。这样自然会产生一个问题——这些极限是否以任何关键的方式涉及后牛顿近似计算?或者,考虑更高阶相对论修正的计算是否会导致质量更大的超大质量恒星的坍缩时间延迟到核燃烧所需的时间之外?

因此,为了更详细地研究这些问题,有必要确定广义相对论中旋转恒星的平衡结构。一些研究者利用广义相对论计算了冷恒星不旋转情况下的平衡构型。

他们利用冷催化物质的状态方程,对流体静力平衡的广义相对论方程进行数值积分,得到了他们想要的结果。

将这些中子星和超大质量恒星模型的结果推广到以任意角速度旋转的任意相对论性恒星在原理上是可行的,但在数值计算上却很复杂。因为,在这种情况下进行数值计算时将会有两个或三个维度,而不是只有一个径向维度。我们不再需要解两个常微分方程,而是需要解一个等价于无穷系统的常微分方程——每个系数对应球面谐波中所有相关量的展开式。这个问题的近似解可以从 Hartle 和 Sharp(1967)提出的变分原理中得到,但是很难得到任意角速度的精确数值解。

如果恒星旋转速度较缓慢,其平衡性质的计算就简单得多,因为这样的旋转可以被认为是对已知非旋转结构的一个小扰动。

因此,Hartle 考虑了以下问题[11]。

(1)指定一个单参数状态方程:压力=已知的质能密度函数。

(2)利用该单参数状态方程和球对称流体静力平衡的广义相对论方程,计算非旋转平衡结构的性质。压力、能量密度和引力场的分布由此可知。

(3)给定一个足够慢的均匀角速度,使压强、能量密度和引力场的变化很小。

(4)这些微小的变化被认为是对已知非旋转解的扰动。场方程以角速度的幂级数作展开,微扰只保留一阶项和二阶项。

Hartle 给出了求解该问题所必需的方程。并且他对特定状态方程的数值解和由此产生的构型的稳定性进行了分析。

Hartle 简要回顾了牛顿引力理论中对上述问题的解法。在牛顿引力理论中,大质量物体的存在并不影响对惯性系的确定。然而在广义相对论中,一个旋转的大质量物体倾向于拖着惯性系一起运动。Hartle 计算了大质量天体内惯性系的旋转速率(即拖拽速率)。角速度和拖拽速率之间的差值决定了作用在恒星上的离心力。并且,Hartle 给出了场方程的摄动及其展开为球谐函数的问题,得到了确定缓慢旋转球对称恒星的整个结构方程,给出了由这些方程求质量与中心密度关系的公式。此外,Hartle 还发现了克莱罗方程的广义相对论推广。这个广义相对论推广的克莱罗方程给出了等密度表面的椭圆度,从而决定了流体的形状。

Hartle 讨论了在这项工作中所做的一些假设[11]。

(1)单参数状态方程。平衡构型中的物质被假定满足单参数状态方程($\wp=\wp(\varepsilon)$,其中$\wp$为压强,ε为总质能密度)。在一般情况下,压强也是温度的函数。

当温度是恒星内部密度的已知函数时,这种单参数状态方程的限制形式是合适的。例如,当所有物质在热核演化的终点都是冷的,或当恒星处于对流平衡状态时,状态的变化是绝热的。

(2)轴向对称和反射对称。这里介绍的仅限于轴对称的结构。在广义相对论中,一个构型只有在没有辐射引力波的情况下才能处于平衡状态。没有辐射的充分条件是质量分布中没有时间相关的矩。这是由轴对称所保证的。Hartle 还假设其构型是关于垂直于旋转轴的平面对称的。从牛顿平衡图理论来看,这两个假设似乎都是构型缓慢旋转的结果,而不是限制。

(3)均匀旋转。这里只考虑均匀旋转的情况。前面的叙述已经表明,使总质能最小的结构必须均匀旋转。

(4)慢旋转。所谓慢旋转,指的是角速度足够小,以至于由旋转引起的压力、能量密度和引力场的分数变化都远远小于单位值。

正是基于上述考虑,Hartle 从广义相对论出发推导出了慢旋转中子星转动惯量的计算公式[11]。

静态轴对称系统的线元为[11-12]

$$ds^2 = -H^2 dt^2 + Q^2 dr^2 + r^2 K^2 [d\theta^2 + \sin^2\theta(d\varphi - L dt)^2] \qquad (1.3-1)$$

式中,H、Q、K、L 是 r、θ 的单独函数。$L(r,\theta)$ 表示假定从无穷远自由下落到点 (r,θ) 时的观察者获得的角速度($d\varphi/dt$)。因此,我们称 $L(r,\theta)$ 为惯性系在 (r,θ) 处相对于遥远恒星的旋转速率。因此,惯性系的拖拽在度规中表现为旋转构型的 $g_{t\varphi}$ 度规分量的不消失。

一个平稳的轴对称系统的密度和度规在旋转方向的反转和在时间方向的反转下的行为是一样的。因此,密度或 H、Q、K 的角速度 Ω 的幂展开式中只能包含偶幂次项;而 L 的膨胀只有奇幂次项。如果一个人有兴趣计算直到角速度 Ω^2 阶的所有影响,那么在 L 中只包括 Ω 阶项就足够了。在角速度的一阶展开式中,L 的系数从角速度 $\Omega=0$ 时开始变化。一阶项表示为

$$L(r,\theta) = \omega(r,\theta) + O(\Omega^2) \qquad (1.3-2)$$

这个一阶项的计算通常认为只需要一个如下选取的场方程即可:

$$G_{\varphi}^{t} = 8\pi T_{\varphi}^{t} \qquad (1.3-3)$$

为了求出惯性系的一阶旋转速率 ω,将方程(1.3-3)两边展开,只保留角速度 Ω 的最低阶项。这个方程的左边可以用恒等式表示为

$$(-g)^{1/2}g_{\varphi}^{t}=[(-g)^{1/2}g^{t\alpha}\Gamma_{\varphi\alpha}^{\nu}]_{,\nu}. \tag{1.3-4}$$

由式(1.3-1),上式可写为

$$(-g)^{1/2}g_{\varphi}^{t}=-\frac{1}{2}[(-g)^{1/2}g^{ij}(g^{t\varphi}g_{\varphi\varphi,j}-g^{tt}g_{t\varphi,j})]_{,i} \tag{1.3-5}$$

$g^{t\varphi}$ 和 $g_{t\varphi}$ 的系数在角速度中至少是一阶的,其他项可用其零阶项的值代替:

$$-2r^{2}\sin\theta e^{(\nu+\lambda)/2}r_{\varphi}^{t}=[e-(\nu+\lambda)/2r^{4}\sin^{3}\theta\omega_{r}]_{r}+[e^{-(\nu+\lambda)/2}r^{2}\sin^{3}\theta\omega_{\theta}]_{\theta}+O(\Omega^{3}) \tag{1.3-6}$$

这里我们引入了约定,把 df/dx^{α} 写成 f_{a}。

如果 Ω 是流体的角速度,满足归一化条件 $u^{\mu}u_{\mu}=-1$ 的 4 速度分量为

$$u^{r}=u^{\theta}=0 \tag{1.3-7}$$

$$u^{\varphi}=\Omega u^{t} \tag{1.3-8}$$

$$u^{t}=[-(g_{tt}+2\Omega g_{t\varphi}+\Omega^{2}g_{\varphi\varphi})]^{1/2} \tag{1.3-9}$$

对于这里考虑的均匀旋转结构,Ω 在整个流体中是一个常数。利用这个 4 速度分量,式(1.3-3)右侧的应力-能量张量分量可以展开为

$$\begin{aligned}T_{\varphi}^{t}&=(E+P)u^{t}u_{\varphi}=(E+P)(u^{t})^{2}(g_{t\varphi}+\Omega g_{\varphi\varphi})\\&=(E+P)e^{-\nu}(\Omega-\omega)r^{2}\sin^{2}\theta+O(\Omega^{3})\end{aligned} \tag{1.3-10}$$

现在,Ω 是观察者在流体中某一点(t,r,θ,φ) 处静止时所看到的流体角速度。$\omega(r,\theta)$ 是一个观察者从无穷远自由下落的角速度,计算到角速度 Ω 的一阶项。它们的差 $\Omega-\omega$ 是由自由落体的观测者看到的在(r,θ) 处流体元的坐标标架角速度,被记为

$$\bar{\omega}(r)=\Omega-\omega(r,\theta) \tag{1.3-11}$$

只保留 Ω 的一阶项,方程(1.3-3)写为

$$\frac{1}{r^{4}}\frac{\partial}{\partial r}\left[r^{4}e^{-(\nu+\lambda)/2}\frac{\partial\bar{\omega}}{\partial r}\right]+\frac{e^{(\nu+\lambda)/2}}{r^{2}\sin^{3}\theta}\frac{\partial}{\partial\theta}\left(\sin^{3}\theta\frac{\partial\bar{\omega}}{\partial\theta}\right)-16\pi(E+P)e^{(\nu+\lambda)/2}\bar{\omega}=0 \tag{1.3-12}$$

可以利用零阶场方程(1.2-40)、(1.2-29)以及

$$\frac{d\nu}{dr}=-\frac{2}{E+P}\frac{dP}{dr} \tag{1.3-13}$$

并定义

$$j(r)=e^{-(\nu+\lambda)/2} \tag{1.3-14}$$

来完全用非微扰度规来表示式(1.3-12)中 $\bar{\omega}$ 的系数:

$$\frac{1}{r^4}\frac{\partial}{\partial r}\left(r^4 j\frac{\partial\bar{\omega}}{\partial r}\right)+\frac{4}{r}\frac{\mathrm{d}j}{\mathrm{d}r}\bar{\omega}+\frac{\mathrm{e}^{(\nu+\lambda)/2}}{r^2}\frac{1}{\sin^3\theta}\frac{\partial}{\partial\theta}\left(\sin^3\theta\frac{\partial\bar{\omega}}{\partial\theta}\right)=0 \quad (1.3-15)$$

对流体元的坐标标架角速度 $\bar{\omega}(r,\theta)$ 做勒让德多项式展开,不会使上述方程变量分离,因为 $g_{t\varphi}$ 和 ω 在旋转下的变换不是像标量一样变换,而是像矢量的一个分量一样变换。如果想用分离变量法求解上述方程,就必须使用矢量球谐波函数做展开:

$$\bar{\omega}(r,\theta)=\sum_{l=1}^{\infty}\bar{\omega}_l(r)\left(-\frac{1}{\sin\theta}\frac{\mathrm{d}P_l}{\mathrm{d}\theta}\right) \quad (1.3-16)$$

径向函数 $\bar{\omega}_l(r)$ 满足

$$\frac{1}{r^4}\frac{\mathrm{d}}{\mathrm{d}r}\left(r^4 j(r)\frac{\mathrm{d}\bar{\omega}_l}{\mathrm{d}r}\right)+\left[\frac{4}{r}\frac{\mathrm{d}j}{\mathrm{d}r}-\mathrm{e}^{(\nu+\lambda)/2}\frac{l(l+1)-2}{r^2}\right]\bar{\omega}_l=0 \quad (1.3-17)$$

在考查方程(1.3-17)在 r 较小时解的行为时,要求几何形状是规则的;而在 r 较大时,要求它是平坦的。在 r 较小时,$j(r)$ 是正则函数。微分方程在 r 较小时的表达形式为

$$\bar{\omega}_l(r)\rightarrow const\cdot r^{s+}+const\cdot r^{s-},r\rightarrow 0$$

$$s_{\pm}=-\frac{3}{2}\pm\left[\frac{9}{4}+\frac{l(l+1)-2}{j(0)}\right]^{1/2} \quad (1.3-18)$$

函数 $j(r)$ 处处为正,因为 e^{ν} 和 e^{λ} 都为正。如果几何图形在原点处是正则的,我们必须要求 r^{s-} 的系数为零。

当 r 取值较大时,$j(r)$ 的模为 1,$\bar{\omega}_l(r)$ 具有形式:

$$\bar{\omega}_l(r)\rightarrow const\cdot r^{-l-2}+const\cdot r^{l-1} \quad (1.3-19)$$

$\bar{\omega}_l(r)$ 的行为在原点已经被固定了。因此,式(1.3-19)中的两个常数的比值是确定的,除非它们都消失,否则它们都不会消失。如果空间在 r 较大时是平坦的,ω 必须比 $1/r^3$ 下降得更快,因此 $\bar{\omega}(r)=\Omega-\omega$,接近 Ω。从式(1.3-19)可以清楚地看出,除了 $l=1$,在 $\bar{\omega}$ 勒让德级数展开式中所有系数都为零。因此 $\bar{\omega}$ 是 r 的单独函数,它服从微分方程:

$$\frac{1}{r^4}\frac{\mathrm{d}}{\mathrm{d}r}\left(r^4 j\frac{\mathrm{d}\bar{\omega}}{\mathrm{d}r}\right)+\frac{4}{r}\frac{\mathrm{d}j}{\mathrm{d}r}\bar{\omega}=0 \quad (1.3-20)$$

而上面用到的量 $j(r)$ 是根据 Schwarzschild 星的度规定义的:

$$j(r)=\mathrm{e}^{-(\nu+\lambda)}=\mathrm{e}^{-\nu}\sqrt{1-2M(r)/r},r<R \quad (1.3-21)$$

$$j(r)=1, r \geqslant R \tag{1.3-22}$$

经过一些代数运算并利用

$$\frac{\mathrm{d}\nu}{\mathrm{d}r}=\frac{M(r)+4\pi r^3 p(r)}{r[r-2M(r)]} \tag{1.3-23}$$

得到

$$\frac{\mathrm{d}j}{\mathrm{d}r}=-4\pi r(p+\varepsilon)\mathrm{e}^{-\nu}/\sqrt{1-2M(r)/r} \tag{1.3-24}$$

将式(1.3-20)在区间(0,R)内进行积分,得到

$$\left(r^4\frac{\mathrm{d}\bar{\omega}}{\mathrm{d}r}\right)_R=\int_0^R 4r^3\frac{\mathrm{d}j}{\mathrm{d}r}\bar{\omega}\mathrm{d}r \tag{1.3-25}$$

因此,根据

$$\omega(r)\sim\frac{J}{r^3}=\frac{I}{r^3}\Omega, r>R \tag{1.3-26}$$

角动量为

$$J=-\frac{2}{3}\int_0^R \mathrm{d}r r^3\frac{\mathrm{d}j}{\mathrm{d}r}\bar{\omega} \tag{1.3-27}$$

这里,比例常数取$\frac{2}{3}$。

由式(1.3-24)和式(1.3-26)可以得出慢旋转中子星的转动惯量($I=J/\Omega$):

$$I=\frac{8\pi}{3}\int_0^R \mathrm{d}r r^4\frac{\varepsilon+p}{\sqrt{1-2M(r)/r}}\frac{[\Omega-\omega(r)]}{\Omega}\mathrm{e}^{-\nu} \tag{1.3-28}$$

式中,ν 由式(1.3-29)决定:

$$-\frac{\mathrm{d}\nu(r)}{\mathrm{d}r}=\frac{1}{\varepsilon+p}\frac{\mathrm{d}p}{\mathrm{d}r} \tag{1.3-29}$$

由 TOV 方程求出中子星的质量分布 $M(r)$后,即可求解方程(1.3-20)~(1.3-21)、方程(1.3-28)~(1.3-29),从而得到中子星的转动惯量。其边界条件为

$$\left.\frac{\mathrm{d}\bar{\omega}}{\mathrm{d}r}\right|_{r=0}=0 \tag{1.3-30}$$

$$\nu(\infty)=0 \tag{1.3-31}$$

$$\bar{\omega}(R)=\Omega-\frac{R}{3}\left.\frac{\mathrm{d}\bar{\omega}}{\mathrm{d}r}\right|_{r=R} \tag{1.3-32}$$

1.4 前身中子星的表面引力红移

时间的膨胀,由观测者以相对均匀的运动来测量,在狭义相对论中很常见。此外,这种不同起源的影响也适用于处在不同重力势位置、不同引力势位置的静态引力场中的静止观察者[13]。

这种不同起源的效应也适用于处于不同引力势位置的静态引力场中的静止观测者。

考虑到相对论效应,本节介绍了前身中子星表面引力红移的计算公式。

1.4.1 强场中一个原子的完整性

对比遥远星球上原子的光谱线和地球上原子的光谱线,我们要考虑引力效应问题。一旦一个光子被发射出去,如果它从一个具有一定引力场的地方移动到另一个存在不同引力场的地方,它的频率就会改变。但是,原子本身的内部结构是否不受其所在引力场的影响,尤其是当引力场非常强时能不能建立一个局部的洛伦兹坐标系来包含原子的范围?我们可以从两方面回答这个问题。首先,要考虑大质量恒星表面原子直径范围内的动量变化。由

$$d\tau^2 = \left(1 - \frac{2GM}{r}\right) dt^2 - \left(1 - \frac{2GM}{r}\right)^{-1} dr^2 - r^2 d\theta^2 - r^2 \sin^2\theta d\varphi^2 \text{[13]} \quad (1.4-1)$$

得到

$$\delta g_{00} = g_{00}(R + r) - g_{00}(R - r) = \frac{4Mr}{R^2 - r^2} \approx \frac{4Mr}{R^2} < \frac{16}{9}\frac{r}{R} \quad (1.4-2)$$

式(1.4-2)使用了满足 TOV 方程的任何恒星的$\frac{M}{R}<\frac{4}{9}$的极限值。取玻尔半径:

$$r_{\text{Bohr}} = \frac{\hbar^2}{M_e e^2} \approx 0.52918 \times 10^{-8}(\text{cm}) \quad (1.4-3)$$

恒星的标称半径为 10 km(如中子星,因为中子星是$\frac{M}{R}$最大的星体类型),即$R=10^6$ cm ,则有

$$\delta g_{00} \sim 10^{-14} \quad (1.4-4)$$

同样地,整个原子的径向度规的变化也很小。只要引力场在原子(或分子,或原子核)的范围内高精度地保持不变,就可以建立一个覆盖它的局部惯性系,狭义相对论的定律对恒星上的原子和地球上的类原子一样适用。

虽然上面关于整个原子径向度规的变化很小的结果只回答了一个原子内部完整性的问题,但是在稳定恒星最强引力场中,用一种不同的方式来解决这个问题是很有意义的,即通过比较引力在原子直径上产生的加速度变化与原子中电子在库仑力作用下产生的加速度变化可以表明,与电子受到的库仑力相比,引力是可以忽略的。恒星表面由重力引起的加速度为

$$g_* = \frac{M}{R^2} \leqslant \frac{4}{9} \times \frac{1}{R} \tag{1.4-5}$$

同样,取 $R = 10^6$ cm, $1 = c = 3 \times 10^{10}$ cm,有

$$g_* < \frac{4}{9} \times 10^{-6} \left(\frac{\mathrm{s}}{\mathrm{cm}}\right)^2 \frac{\mathrm{cm}}{\mathrm{s}^2} = 4 \times 10^{14} (\mathrm{cm/s^2}) \tag{1.4-6}$$

加速度在原子维度上的差:

$$\delta g_* = \frac{M}{(R-r)^2} - \frac{M}{(R+r)^2} \approx \frac{4r}{R} g \tag{1.4-7}$$

可得

$$\delta g_* \approx 2 \times 10^{-14} g_* = 8 (\mathrm{cm/s^2}) \tag{1.4-8}$$

相比之下,氦原子在玻尔轨道上的电子加速度为

$$a = \frac{1}{M_{\mathrm{e}}} \frac{\mathrm{e}^2}{r_{\mathrm{Bohr}}^2} \approx \frac{1.44 \ \mathrm{MeV \cdot fm}}{0.5 \ \mathrm{MeV} (0.5 \times 10^{-8} \mathrm{cm})^2} \approx 10^{25} (\mathrm{cm/s^2}) \tag{1.4-9}$$

因此,氢原子中电子所经历的加速度是原子位于恒星表面时沿轨道引力加速度变化量的 ~10^{21} 倍,它比恒星表面的引力加速度大得多。这就是说,即使是恒星上最强的引力场也不能影响原子(更不用说原子核)的运动。

1.4.2　一般静态场的红移

一个观测者在离静止恒星很远的地方,并且在离其他天体很远的地方,相对于恒星处于静止状态,因此引力场是静止的。设恒星的质量和半径分别为 M 和 R,有两个相同的原子,一个在恒星的表面,另一个在远处的观测者那里,用 ∞ 来表示它的位置。简便起见,假设恒星的中心、在其表面的原子和远处的观测者在

同一条线上。把光子的发射想象成一个波列。一个周期的两端,或等效地说,从源发射的两个连续波峰,分别看成对应于相邻的两个时空事件。

已经证明可以建立一个包含原子的局部惯性系,再选择一个相对于原子静止的惯性系。则

$$d\tau_a = \sqrt{\eta_{00}}\, d\xi_a^0 = d\xi_a^0 \tag{1.4 - 10}$$

是原子(下标 a)发射的不变间隔,等于该局部惯性系中波峰之间的坐标时间 $d\xi_a^0$。如上所述,在观测者位置 co 处的恒星强场中,这种关系成立。在任意引力场中,波峰之间的时空间隔 dx^μ 由下式给出:

$$d\tau_a = (g_{\mu\nu} dx^\mu dx^\nu)^{1/2} \tag{1.4 - 11}$$

特别是在恒星表面处于静止的原子,波峰之间的时空间隔 dx^0 由下式给出:

$$d\tau_a = \sqrt{g_{00}(r)}\, dx^0 \tag{1.4 - 12}$$

但是,光在静态场中沿径向传播时,原子发射的不变间隔的表达式为

$$d\tau^2 = 0 = g_{00}(r) dt^2 - g_{11}(r) dr^2 \tag{1.4 - 13}$$

每个波峰从 R 到 co 的恒定传播时间为

$$\Delta t = t_\infty - t_R = \int_R^\infty \left(\frac{g_{11}(r)}{g_{00}(r)} \right)^{1/2} dr \tag{1.4 - 14}$$

因此,式(1.4-12)在 R 处的坐标区间 dx^0 也是波峰从 R 到达 co 的坐标区间。因此,在 co 所表示的位置上,静止观测者用仪器测量波峰从恒星到达 co 的固有时间间隔为

$$d\tau_a' = \sqrt{g_{00}(\infty)}\, dx^0 \tag{1.4 - 15}$$

用 x'^μ 表示与远处观测者相关的时空事件。与式(1.4-12)类似,有

$$d\tau_a = \sqrt{g_{00}(\infty)}\, dx'^0 \tag{1.4 - 16}$$

式(1.4-10)表明原子发射的不变间隔 $d\tau_a$ 等于该局部惯性系中波峰之间的坐标时间 $d\xi_a^0$。故式(1.4-10)可以作为在观测者的位置静止的同类原子发射的坐标时间 dx'^0 的方程。波峰之间的固有时间(乘以 c——真空中的光速)给出了光的波长或频率的倒数。因此,可以将观测者测量到的从恒星表面 R 到达的光子的频率 $\omega(R)$ 与位于观测者位置的同类原子发射的光子的频率 $\omega(co)$ 进行比较。由式(1.4-15)和式(1.4-16),有

$$\frac{\omega(R)}{\omega(\infty)}=\frac{\mathrm{d}\tau_a}{\mathrm{d}\tau_a'}=\frac{\mathrm{d}x'^0}{\mathrm{d}x^0}=\left(\frac{g_{00}(R)}{g_{00}(\infty)}\right)^{1/2} \qquad (1.4-17)$$

其中,在式(1.4−17)的最后一步中,我们消除了式(1.4−12)和式(1.4−16)之间的原子发射的不变间隔 $\mathrm{d}\tau_a$。因此,在 co 处观测到,从位于恒星表面的原子发射的光子频率

$$\omega(R)=\mathrm{e}^{\nu(R)}\omega(\infty)=\sqrt{1-2\frac{M}{R}}\omega(\infty) \qquad (1.4-18)$$

比来自无穷远∞处相同原子发射的光子频率要小,光被红移了。相反地,在 co 处观察,来自无穷远处的光子频率比来自恒星表面类似原子的光子频率要大,光子发生了蓝移。这里我们引入了适用于球面恒星外静态时空的史瓦西度量。否则我们可以把表达式写成一般度规函数的形式。

上面的结果可以用时钟的快慢来表示:时间在 R 处比在∞处流动得慢。对于孤立的静态球形恒星,引力时间因子为 $\mathrm{e}^{-\nu(R)}$。

传统定义的引力红移是观测波长和发射波长之差相对于发射波长的比值变化

$$z=\frac{\Delta\lambda}{\lambda_e}=\frac{\lambda_o}{\lambda_e}-1=\frac{\omega_e}{\omega_o}-1 \qquad (1.4-19)$$

或者,在这种情况下

$$z=\frac{\omega(\infty)}{\omega(R)}-1=\left(1-\frac{2M}{R}\right)^{-\frac{1}{2}}-1 \qquad (1.4-20)$$

可以利用式(1.4−20)来计算中子星和前身中子星的表面引力红移。

参考文献

[1] Chadwick J. The existence of a neutron[J]. Proc. Roy. Soc. A,1932,136:692.

[2] Landau L D. To the Stars theory[J]. Phys. Zs. Sowjet. ,1932,1:285.

[3] Baade W,Zwicky F. On super-novae [J]. Proceedings of the National Academy of Sciences of the United States of America,1934,20:254.

[4] Hewish A,Bell S J,Pikington J D H,et al. Observation of a rapidly pulsating radio source [J].

Nature, 1968, 217: 709.

[5] Burrows A, Lattimer J M. The birth of Neutron stars[J]. Astrphys. J., 1986, 307: 178.

[6] Glendening N K. Hot metastable state of abnormal matter in relativistic nuclear field theory [J]. Nucl. Phys. A, 1987, 469: 600.

[7] Glendning N K. Finite temperature metastable matter [J]. Phys. Lett. B, 1987, 185: 275.

[8] Schaffner J, Dover C B, Gal A, et al. Multiply strange nuclear systems[J]. Ann. Phys., 1994, 235: 35.

[9] Tolman R C. Static Solutions of Einstein's Field Equations for Spheres of Fluid[J]. Phys. Rev., 1939, 55: 364.

[10] Oppenheimer J R, Volkoff G M. On Massive Neutron Cores[J]. Phys. Rev., 1939, 55: 374.

[11] Hartle J B. Slowly rotating relativistic stars Ⅰ. Equations of structure[J]. Astrphys. J., 1967, 150: 1005.

[12] Hartle J B, Thorne K S. Slowly rotating relativistic stars Ⅱ Models for neutron star and supermassive stars[J]. Astrphys. J., 1968, 153: 807.

[13] Glendenning N K. Compact Stars: Neuclear Physics, Particle Physics, and General Relativety [M]. New York: Springer-Verlag, 1997.

2 核子耦合参数对前身中子星 PSR J0740+6620 的影响

2.1 核子耦合参数对前身中子星 PSR J0740+6620 性质的影响

中子星是高密度、强磁场、高转速的天体[1-3]。近年来，一系列大质量中子星被陆续发现。2010 年，大质量中子星 PSR J1614-2230 被发现，其质量被确定为(1.97±0.04)$M_{\odot}$[4]。之后，进一步确定其质量为(1.93±0.07)$M_{\odot}$[5]。2013 年，Antoniadis 等观测到另一颗质量为(2.01±0.04)$M_{\odot}$的大质量中子星 PSR J0348+0432[6]。最近，一个更大质量的中子星 PSR J0740+6620 被观测到，其质量为 $2.14_{-0.09}^{0.10}M_{\odot}$[7]。它可能是迄今为止发现的质量最大的中子星。PSR J0740+6620 是一颗毫秒脉冲双星，伴星是一颗白矮星，其巨大的中子星质量可能与伴星的质量和金属丰度有关[8]。

在中子星核心区域发现的高密度物质的性质以及磁场对致密物质状态方程的影响，都是很不确定的[9-10]。中子星的大质量将极大地限制中子星物质的物态方程。Ghazanfari 等利用 β 稳定核物质向夸克物质跃迁的 Thomas-Fermi 近似，研究了中子星 PSR J0740+6620 的质量对混合中子星物质物态方程的限制[11]。Hu 等研究了大质量中子星 PSR J0348+0432 和 PSR J0740+6620 对致密物质物态方程的质量约束[12]。他们采用 Breckner-Bethe-Goldstone 量子多体理论，利用在 Breckner-Hartree-Fock 近似下的有限温度扩展，导出了核物质的状态方程。利用该核物质状态方程计算得到的中子星质量与目前测量到的中子星质量一致，特别是与大质量中子星 PSR J0348+0432 和 PSR J0740+6620[13]的质量一致。Yang 等的研究结果表明，中子星 PSR J0740+6620 的大质量对中子星内的奇异夸克物质[14]有影响。

中子星 PSR J0740+6620 的大质量会对中子星物质的性质有所限制。Zhang 等研究了中子星 PSR J0740+6620 的质量对同位旋对称性的影响[15]。Zhou 等的研究结果表明，中子星 PSR J0740+6620 的大质量排除了超软高密度核物质的对称能[16]。Yue 等研究了中子星 PSR J0740+6620 的质量对中子星物质对称能的约束[17]。

中子星 PSR J0740+6620 的观测质量会限制中子星的半径。Rahaman 等基于替代引力理论,用不同的 χ 耦合参数值预测了中子星 PSR J0740+6620 的半径[18]。Han 等将含强子物质模型的结果与一阶强子-夸克相变模型的结果进行了比较,研究了大质量中子星到最大质量中子星的质量与半径之间的关系[19]。

前身中子星是由超新星爆炸在核心中产生的。前身中子星的研究对恒星的演化具有重要意义。但是到目前为止,关于前身中子星 PSR J0740+6620 的研究还进行得很少。

本节利用相对论平均场理论[20],考虑到重子八重态,研究了核子耦合参数对前身中子星 PSR J0740+6620 性质的影响。

2.1.1 计算理论和参数选取

前身中子星的相对论平均场理论见 1.1 节,我们将利用 TOV 方程计算前身中子星的质量和半径(见 1.2 节)。

本小节将选取 10 组核子耦合参数(DD-ME1[21]、GL85[22]、GL97[23]、NL1[24]、NL2[24]、TW99[21]、GM1[25]、FSUGold[26]、FSU2R[27]、FSU2H[27])来计算前身中子星(见表 2.1-1 和表 2.1-2)。

表 2.1-1 饱和核物质的性质

参数	m (MeV)	m_σ (MeV)	m_ω (MeV)	m_ρ (MeV)	ρ_0 (fm^{-3})	B/A (MeV)	K (MeV)	a_{sym} (MeV)	m^*/m (MeV)
DD-ME1	938	500.000	783.00	763	0.1520	16.230	244	33.06	0.578
GL85	939	500.000	782.00	770	0.1450	15.950	285	36.80	0.770
GL97	939	500.000	782.00	770	0.1530	16.300	240	32.50	0.780
NL1	938	492.250	795.36	763	0.1320	16.200	344	35.80	0.571
NL2	938	504.890	780.00	763	0.1320	16.200	344	35.80	0.571
TW99	938	550.000	783.00	763	0.1530	16.247	240	32.50	0.556
GM1	939	500.000	782.00	770	0.1530	16.300	300	32.50	0.700
FSUGold	939	491.500	782.50	763	0.1480	16.300	230	37.40	0.600
FSU2R	939	497.479	782.50	763	0.1505	16.280	238	30.70	0.593
FSU2H	939	497.479	782.50	763	0.1505	16.280	238	30.50	0.593

注:其中 m 为中子的质量,m_σ、m_ω、m_ρ 分别为介子 σ、ω、ρ 的质量,ρ_0 为饱和核物质的密度,B/A 为结合能,K 为压缩模量,a_{sym} 为对称能系数,m^* 为核子的有效质量。

表 2.1-2 本项工作中使用的核子耦合参数

参数	g_σ	g_ω	g_ρ	g_2	g_3
DD-ME1	10.4434	12.8939	3.8053	0	0
GL85	7.9955	9.1698	9.7163	10.0698	29.2620
GL97	7.9835	8.7000	8.5411	20.9660	-9.3850
NL1	10.1380	13.2850	4.9760	12.1720	-36.2650
NL2	9.1110	11.4930	5.5070	-2.3040	13.7840
TW99	10.7285	13.2910	7.3219	0	0
GM1	8.7003	10.5959	4.0977	9.2354	-6.1308
FSUGold	10.5924	14.3020	11.7673	4.2770	49.9348
FSU2R	10.3718	13.5054	14.3675	8.7389	-3.2403
FSU2H	10.1351	13.0204	14.0453	10.5553	-23.3854

注:其中 g_σ、g_ω、g_ρ 分别是介子 σ、ω、ρ 的核子耦合参数。g_2、g_3 分别是介子 σ 的自相互作用参数。

超子耦合参数与核子耦合参数之比定义为

$$x_{\sigma h}=\frac{g_{\sigma h}}{g_\sigma}=x_\sigma \tag{2.1-1}$$

$$x_{\omega h}=\frac{g_{\omega h}}{g_\omega}=x_\omega \tag{2.1-2}$$

$$x_{\rho h}=\frac{g_{\rho h}}{g_\rho} \tag{2.1-3}$$

此处,h 表示超子 Λ、Σ、Ξ。

$x_{\rho h}$ 根据夸克结构的 SU(6)对称性来选取[28-29]。超子耦合参数 $x_{\sigma h}$ 和 $x_{\omega h}$ 与超子在饱和核物质中势阱深度的关系表示为[23]

$$U_h^{(N)}=m_B\left(\frac{m_n^*}{m_n}-1\right)x_{\sigma h}+\left(\frac{g_\omega}{m_\omega}\right)^2\rho_0 x_{\omega h} \tag{2.1-4}$$

超子在饱和核物质中的势阱深度取 $U_\Lambda^{(N)}=-30$ MeV[29-31]、$U_\Sigma^{(N)}=30$ MeV[29-32]、$U_\Xi^{(N)}=-14$ MeV[33]。计算表明,超子耦合参数与核子耦合参数之比在 1/3 ~ 1 的范围内[25],并且前身中子星的最大质量随 $x_{\sigma h}$ 和 $x_{\omega h}$ 的增加而增大[34]。因此,我们应选取尽可能大的 $x_{\omega h}$[$x_{\sigma h}$ 由式(2.1-4)得出],以得到前身中

子星尽可能大的质量。此处,我们选择 $x_{\omega h}=0.9$, $x_{\sigma h}$ 根据式(2.1-4)计算得到。

考虑到介子 σ^*、φ 的影响,相关参数可取为[35]

$$g_{\varphi\Xi}=2g_{\varphi\Lambda}=2g_{\varphi\Sigma}=-\frac{2\sqrt{2}g_{\omega}}{3} \tag{2.1-5}$$

$$\frac{g_{\sigma^*\Lambda}}{g_{\sigma}}=\frac{g_{\sigma^*\Sigma}}{g_{\sigma}}=0.69 \tag{2.1-6}$$

$$\frac{g_{\sigma^*\Xi}}{g_{\sigma}}=1.25 \tag{2.1-7}$$

由于前身中子星 PSR J0740+6620 内部的温度可以高达 30 MeV[36]。因此,我们取前身中子星 PSR J0740+6620 的温度 $T=20$ MeV。

由我们选取的 10 组核子耦合参数计算得到的前身中子星的质量随半径的变化情况如图 2.1-1 所示。我们看到,5 组核子耦合参数 DD-ME1、NL1、NL2、TW99 和 GM1 可以给出前身中子星 PSR J0740+6620 的质量。因此,接下来我们就利用这 5 组核子耦合参数来计算研究前身中子星 PSR J0740+6620 的性质。

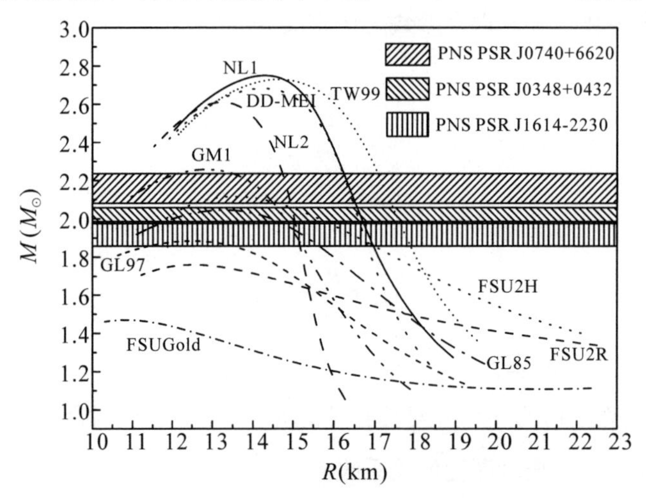

图 2.1-1 前身中子星的质量随半径的变化情况

注:阴影区域分别表示前身中子星 PSR J1614-2230、PSR J0348+0432 和 PSRJ0740+6620 的质量范围。

2.1.2 前身中子星 PSR J0740+6620 的半径和中心重子密度

本工作计算得到的前身中子星 PSR J0740+6620 的性质见表 2.1-3。由表 2.1-3 可以看出,在前身中子星 PSR J0740+6620 观测质量 $2.05M_{\odot}<M<$

2. 24$M_{\odot}$的约束下，核子耦合参数 GM1 计算得到的半径（R）最小，为 13. 44～14. 63 km，而核子耦合参数 TW99 计算得到的半径（R）最大，为 17. 07～17. 46 km。其他核子耦合参数计算得到的半径在这两个值之间。

表 2. 1-3　本工作计算得到的前身中子星 PSR J0740+6620 的性质

参数	R(km)	ρ_c(fm^{-3})	ε_c(fm^{-4})	p_c(fm^{-4})	$\sigma_{0,c}$(fm^{-1})	$\omega_{0,c}$(fm^{-1})
DD-ME1	16. 20～16. 52	0. 328～0. 362	1. 688～1. 901	0. 315～0. 419	0. 314～0. 328	0. 268～0. 295
NL1	16. 23～16. 59	0. 336～0. 365	1. 732～1. 914	0. 331～0. 437	0. 358～0. 370	0. 275～0. 298
NL2	14. 73～14. 98	0. 394～0. 439	2. 026～2. 312	0. 421～0. 576	0. 348～0. 363	0. 290～0. 323
TW99	17. 07～17. 46	0. 303～0. 333	1. 568～1. 754	0. 275～0. 360	0. 306～0. 320	0. 255～0. 279
GM1	13. 44～14. 63	0. 512～0. 737	2. 773～4. 395	0. 619～1. 380	0. 357～0. 422	0. 342～0. 483

参数	$\rho_{0,c}$(fm^{-1})	$\sigma^*_{0,c}$(fm^{-1})	$\varphi_{0,c}$(fm^{-1})	$\mu_{n,c}$(fm^{-1})	$\mu_{e,c}$(fm^{-1})
DD-ME1	0. 032～0. 034	0. 002～0. 005	0. 001～0. 004	6. 011～6. 313	0. 854～0. 889
NL1	0. 039～0. 041	3. 234e^{-4}～9. 288e^{-4}	2. 801e^{-4}～8. 085e^{-4}	6. 055～6. 357	0. 937～0. 976
NL2	0. 051～0. 055	9. 39e^{-7}～2. 038e^{-5}	6. 740e^{-6}～1. 695e^{-5}	6. 125～6. 499	0. 985～1. 042
TW99	0. 048～0. 049	0. 003～0. 006	0. 002～0. 005	5. 977～6. 249	0. 936～0. 969
GM1	0. 047～0. 051	0. 011～0. 057	0. 009～0. 050	6. 532～7. 749	0. 937～0. 977

注：前身中子星 PSR J0740+6620 的质量为（2. 05～2. 24）$M_{\odot}$。R 为前身中子星 PSR J0740+6620 的半径，ρ_c 为中心重子密度。ε_c 和 p_c 分别为中心能量密度和中心压强。$\sigma_{0,c}$、$\omega_{0,c}$、$\rho_{0,c}$、$\sigma^*_{0,c}$、$\varphi_{0,c}$ 分别表示介子 σ、ω、ρ、σ*、φ 的中心场强。$\mu_{n,c}$ 和 $\mu_{e,c}$ 分别为中子 n 和电子 e 的中心化学势。

在前身中子星内部，重子密度会随着它离中心距离的减小而增加。在前身中子星的中心，重子密度达到最大值，称为中心重子密度，用 ρ_c 表示。结果表明，不同核子耦合参数计算得到的前身中子星 PSR J0740+6620 的中心重子密度不同。核子耦合参数 GM1 计算得到的前身中子星 PSR J0740+6620 的中心重子密度最大，为 0. 512～0. 737 fm^{-3}，核子耦合参数 TW99 计算得到的中心重子密度最小，为 0. 303～0. 333 fm^{-3}。用其他核子耦合参数计算得到的中心重子密度介于这两个值之间。

2.1.3 前身中子星 PSR J0740+6620 内部的介子场强和中子、电子的化学势

前身中子星 PSR J0740+6620 内部介子 σ、ω、ρ 的场强随重子密度的变化情况如图 2.1-2 所示。在前身中子星的中心,介子的场强被称为中心场强,通过在相应场算符期望值的右下角添加下标 c 来表示。介子 σ、ω、ρ 的中心场强分别记为 $\sigma_{0,c}$、$\omega_{0,c}$ 和 $\rho_{0,c}$(列于表 2.1-3)。我们看到 $\sigma_{0,c}$、$\omega_{0,c}$ 和 $\rho_{0,c}$ 都随着重子密度的增加而增大。对于介子 σ 的中心场强 $\sigma_{0,c}$,GM1 计算得到的值最大,而 TW99 计算得到的值最小。对于介子 ω 的中心场强 $\omega_{0,c}$,GM1 计算得到的值最大,而 TW99 计算得到的值最小。对于介子 ρ 的中心场强 $\rho_{0,c}$,NL2 计算得到的值最大,而 DD-ME1 计算得到的值最小。可见,不同的核子耦合参数对介子的场强是有影响的。

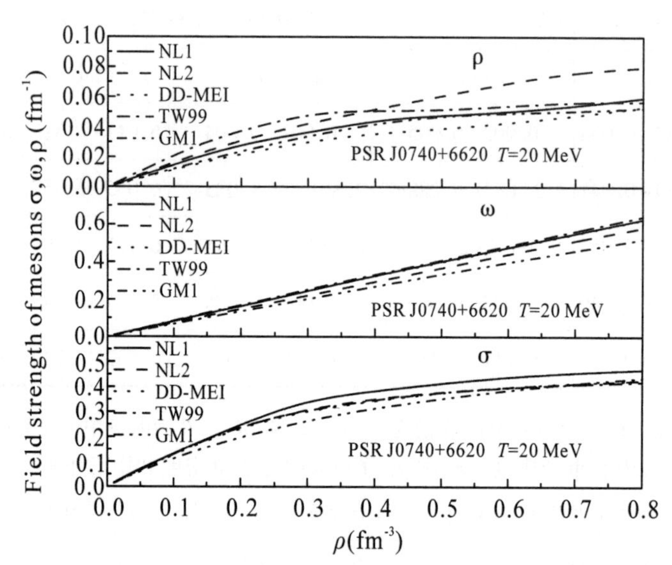

图 2.1-2 前身中子星 PSR J0740+6620 内部介子 σ、ω、ρ 的场强随重子密度的变化情况

注:这 5 条曲线分别代表了核子耦合参数 NL1、NL2、DD-ME1、TW99、GM1 的结果。

前身中子星 PSR J0740+6620 内部介子 σ^*、φ 的势场强度随重子密度的变化情况如图 2.1-3 所示。我们看到,介子 σ^*、φ 的势场强度随着重子密度的增加而增大。由核子耦合参数 TW99、DD-MEI、NL1、GM1、NL2 给出的介子 σ^*、φ 的势场强度依次减小。TW99 计算得到的介子 σ^*、φ 的势场强度最大,而 NL2 计算得到的势场强度最小。

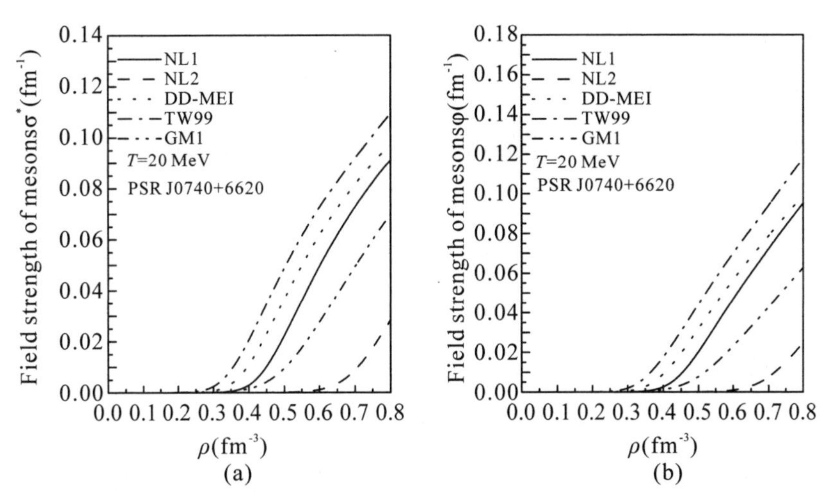

图 2.1-3 前身中子星 PSR J0740+6620 内部的介子 σ*、φ 的势场强度随重子密度的变化情况

注:这 5 条曲线分别代表了核子耦合参数 NL1、NL2、DD-ME1、TW99 和 GM1 的结果。

前身中子星 PSR J0740+6620 内部的中子和电子的化学势随重子密度的变化情况如图 2.1-4 所示。

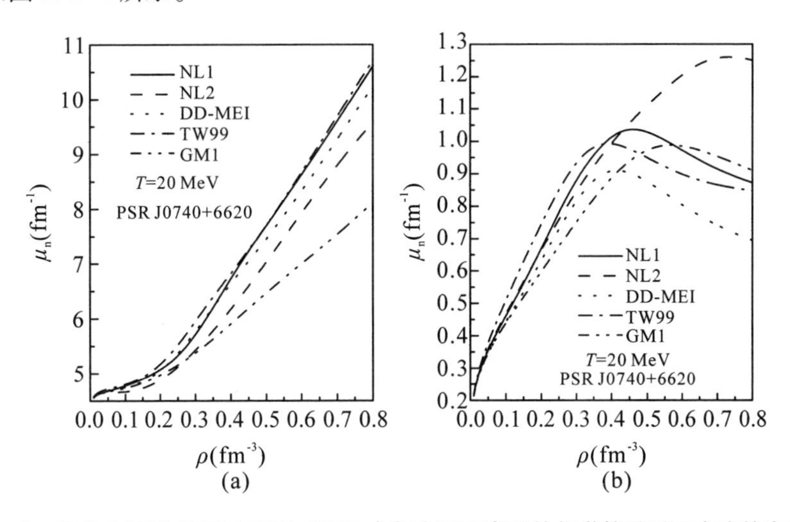

图 2.1-4 前身中子星 PSR J0740+6620 内部中子和电子的化学势随重子密度的变化情况

注:这 5 条曲线分别代表了核子耦合参数 NL1、NL2、DD-MEI、TW99、GM1 的结果。

由图 2.1-4 可知,中子的化学势随着重子密度的增加而增大。在前身中子星的中心,中子的化学势达到最大值,称为中心中子化学势,用 $\mu_{n,c}$ 表示。由图可见,对应于同一重子密度,核子耦合参数 TW99、NL1、DD-ME1、NL2、GM1 给出的中心中子化学势依次减小。由表 2. 1-3 可以看出,根据不同核子耦合参数计算得到的中心中子化学势是不同的。

随着重子密度的增大,电子的化学势先增大到一个最大值,然后减小。前身中子星中心的电子化学势称为中心电子化学势,记为 $\mu_{e,c}$。对应于同一重子密度,核子耦合参数 TW99、NL1、DD-MEI、NL2、GM1 给出的电子化学势是不同的,中心电子化学势也随核子耦合参数的不同而不同。

2. 1. 4 前身中子星 PSR J0740+6620 内部的能量密度和压强

前身中子星 PSR J0740+6620 内部的能量密度和压强随重子密度的变化情况如图 2. 1-5 所示。由图 2. 1-5 可知,能量密度和压强都随着重子密度的增加而增大。对应于同一重子密度,核子耦合参数 DD-ME1、NL1、TW99 给出的能量密度几乎相同,核子耦合参数 GM1 给出的能量密度最小。对应于同一重子密度,核子耦合参数 NL1、TW99 计算得到的压强几乎相等,核子耦合参数 DD-ME1、NL2、GM1 计算得到的压强依次减小。

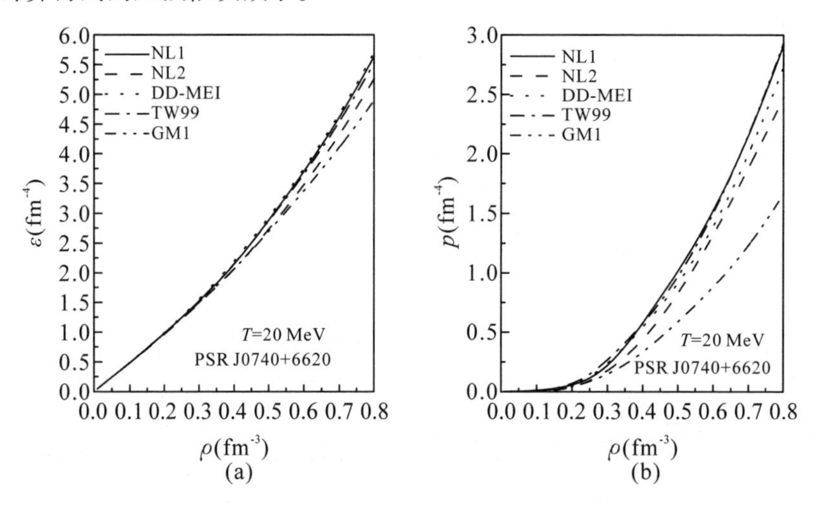

图 2. 1-5 前身中子星 PSR J0740+6620 内部的能量密度和压强随重子密度的变化情况

注:这 5 条曲线分别代表了核子耦合参数 NL1、NL2、DD-ME1、TW99、GM1 的结果。

在前身中子星的中心,能量密度和压力都是最大的,称为中心能量密度和中心压强,分别记为 ε_c 和 p_c。前身中子星 PSR J0740+6620 内部的中心能量密度和中心压强都可以从表 2. 1-3 中看到,核子耦合参数 GM1 计算得到的中心能量密度最大,为 2. 773~4. 395 fm^{-4},核子耦合参数 TW99 计算得到的中心能量密度最小，为 1.568～1.754 fm^{-4}；核子耦合参数 GM1 计算得到的中心压强最大，为 0.619～1.380 fm^{-4}，核子耦合参数 TW99 计算得到的中心压强最小，为 0.275～0.360 fm^{-4}。

2.1.5　前身中子星 PSR J0740+6620 的重子相对密度

为了更好地描述前身中子星 PSR J0740+6620 中核子耦合参数对重子相对密度的影响，我们绘制了各重子的相对密度分布，如图 2.1-6 所示。

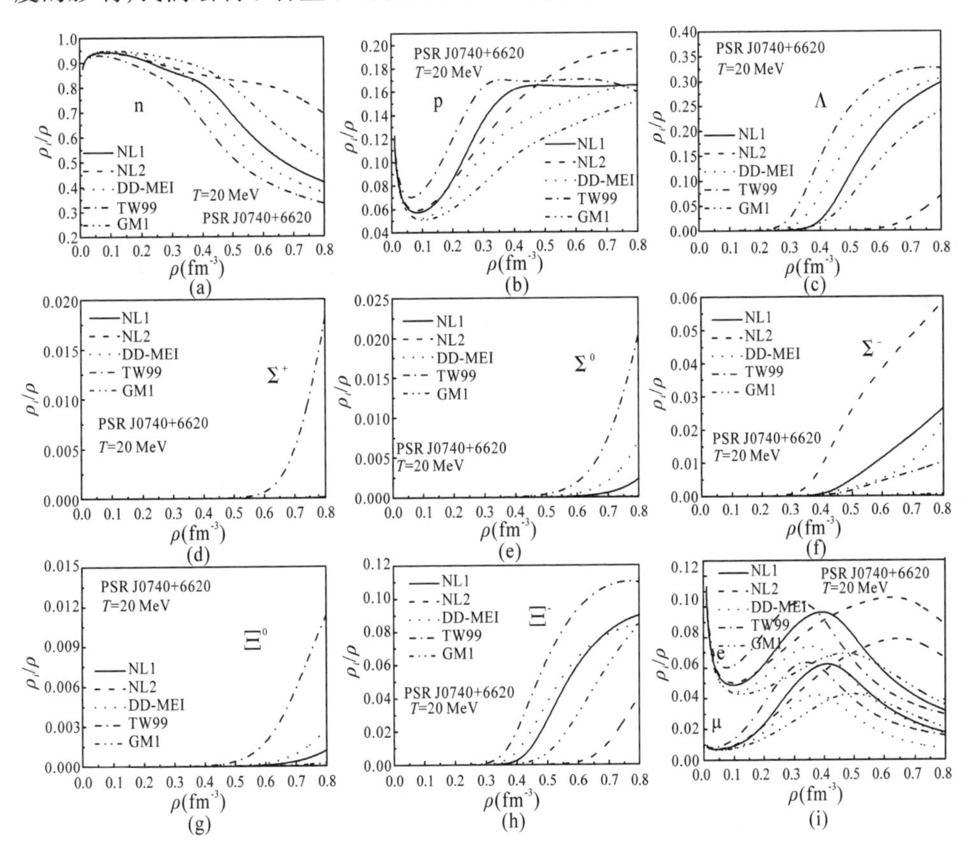

图 2.1-6　核子耦合参数对各重子相对密度的影响

注：这 5 条曲线分别代表了核子耦合参数 NL1、NL2、DD-ME1、TW99、GM1 的结果。

从图 2.1-6(a)可以看出，随着重子密度的增加，核子耦合参数 TW99 给出的中子相对密度下降最快，说明有更多的中子转化成了其他粒子。对于不同的重子，相应于同一重子密度，不同的核子耦合参数给出的相对密度是不同的。例如，对于超子 Σ^-，由 NL2 计算出的相对密度最大[见图 2.1-6(f)]。

在前身中子星中心中，重子 i 的相对密度称为中心相对密度，表示为 $\rho_{i,c}/\rho$。前身中子星 PSR J0740+6620 内各重子的中心相对密度列于表 2.1-4。

表 2.1-4　前身中子星 PSR J0740+6620 内各重子的中心相对密度

参数	$\rho_{n,c}/\rho(\%)$	$\rho_{p,c}/\rho(\%)$	$\rho_{\Lambda,c}/\rho(\%)$	$\rho_{\Sigma^+,c}/\rho(\%)$
DD-M1	83.6~86.6	11.5~12.3	1.6~3.7	1E-6~2E-6
NL1	83.6~84.9	14.8~15.6	0.3~0.8	0~0
NL2	84.2~85.3	14.7~15.8	6.2E-3~0.002	0~0
TW99	77.0~80.6	16.4~16.9	2.8~5.7	9E-5~1.6E-4
GM1	56.0~79.1	12.2~14.6	7.6~21.6	2E-6~3.3E-5
参数	$\rho_{\Sigma^0,c}/\rho(\%)$	$\rho_{\Sigma^-,c}/\rho(\%)$	$\rho_{\Xi^0,c}/\rho(\%)$	$\rho_{\Xi^-,c}/\rho(\%)$
DD-M1	4.01E-4~8.54E-4	0.2~0.4	5.7E-5~1.51E-4	0.08~0.30
NL1	4.7E-5~1E-4	0.010~0.027	1.3E-5~3.4E-5	0.019~0.068
NL2	2E-6~3E-6	1.1E-4~2.5E-4	0~1E-6	4.4E-4~1.7E-3
TW99	9.3E-4~1.8E-3	9.7E-3~0.02	3.5E-4~8.7E-4	0.001~0.003
GM1	6.2E-4~5.5E-3	0.2~0.8	4.2E-4~0.01	0.9~7.0

注：$\rho_{n,c}/\rho$，$\rho_{p,c}/\rho$，$\rho_{\Lambda,c}/\rho$，$\rho_{\Sigma^+,c}/\rho$，$\rho_{\Sigma^0,c}/\rho$，$\rho_{\Sigma^-,c}/\rho$，$\rho_{\Xi^0,c}/\rho$ 和 $\rho_{\Xi^-,c}/\rho$ 分别表示前身中子星 PSR J0740+6620 内重子 n、p、Λ、Σ^+、Σ^0、Σ^-、Ξ^0、Ξ^- 的中心相对密度。

由表 2.1-4 可知，核子耦合参数 NL1 和 NL2 计算得到的超子 Σ^+ 的中心相对密度为 $\rho_{\Sigma^+,c}/\rho=0$，这意味着超子 Σ^+ 在前身中子星 PSR J0740+6620 内没有出现。

利用不同核子耦合参数计算得到的各重子中心相对密度的结果是不同的，有的甚至差异很大。例如，由核子耦合参数 NL2 计算得到的超子 Λ 的中心相对密度为 0.002%~0.0062%，由核子耦合参数 TW99 计算得到的超子 Λ 的中心相对密度为 2.8%~5.7%，而由核子耦合参数 GM1 计算得到的超子 Λ 的中心相对密度则为 7.6%~21.6%。

各重子相对密度的整体分布如图 2.1-7 所示，该图可以帮助我们更好地理解前述计算得到的相关结论。

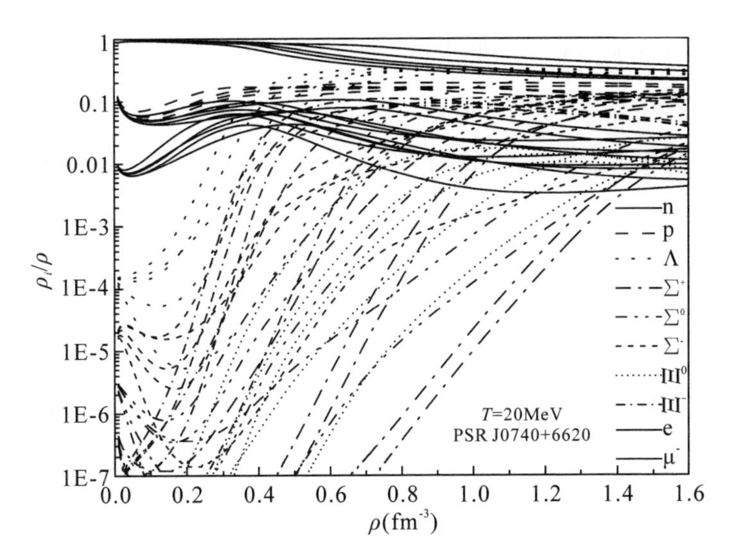

图 2.1-7 各重子相对密度的整体分布

注:前身中子星的温度取 $T=20$ MeV。

2.1.6 总结

本小节利用相对论平均场理论计算研究了核子耦合参数对前身中子星 PSR J0740+6620 性质的影响。为了得到更大的前身中子星质量,我们选取 10 组核子耦合参数计算了前身中子星物质,发现只有其中 5 组核子耦合参数(DD-ME1、NL1、NL2、TW99、GM1)可以给出前身中子星 PSR J0740+6620 的质量。

核子耦合参数 GM1 计算得到的前身中子星 PSR J0740+6620 的半径最小,为 13.44~14.63 km,核子耦合参数 TW99 计算得到的半径最大,为 17.07~17.46 km。其他核子耦合参数计算得到的半径介于这两者之间。

不同的核子耦合参数计算得到的前身中子星 PSR J0740+6620 的性质是不同的。在 5 组核子耦合参数中,由核子耦合参数 GM1 计算得到的中心重子密度 ρ_c,介子 σ、ω、σ* 的中心场强 $\sigma_{0,c}$、$\omega_{0,c}$、$\sigma^*_{0,c}$,中心能量密度 ε_c 和中心压强 p_c 都是最大的。

计算结果表明,不同的核子耦合参数计算得到的前身中子星 PSR J0740+6620 内各重子的相对密度也有很大差异。

2.2 核子耦合参数对前身中子星 PSR J0740+6620 表面引力红移的影响

中子星是一种非常小、旋转非常快、密度惊人、磁场非常强的星体[37-41]。在恒星演化末期,超新星爆炸后通过引力坍缩在中心形成前身中子星。然后,通过中微子辐射放出能量而冷却形成中子星[36,42]。

理论研究表明,如果考虑到核子、超子和轻子,那么温度和中微子捕获都会影响到前身中子星的质量[43-44]。同时,前身中子星的结构也将影响其质量和半径[45-46],这必将进一步影响到前身中子星的引力红移[23]。

在过去十多年里,天文观测陆续发现了几颗大质量中子星。中子星 PSR J1614-2230 发现于 2010 年[4-5],中子星 PSR J0348+0432 发现于 2013 年[6]。2020 年,发现了迄今为止质量最大的中子星 PSR J0740+6620,其质量为 $2.05M_{\odot}<M<2.24M_{\odot}$[7]。这些中子星的巨大质量必然要对它们的许多性质提供某些约束。这些大质量中子星的性质是什么,特别是它们的引力红移是什么,是我们非常感兴趣的问题。

相对论平均场理论不仅对研究有限核物质的性质非常有效[20],而且在研究无限核物质尤其是中子星物质的性质时也非常有用[23]。用这种方法研究中子星物质的性质,核子耦合参数的选取会影响中子星的质量和半径[23]。

本小节利用相对论平均场理论,考虑到重子八重态,研究了核子耦合参数对前身中子星 PSR J0740+6620 的质量半径比,尤其是表面引力红移的影响。

2.2.1 计算理论和参数选取

前身中子星的相对论平均场理论见 1.1 节,前身中子星表面引力红移的计算公式见 1.4 节。

我们用核子耦合参数 DD-ME1[21]、GL85[22]、GL97[23]、NL1[24]、NL2[24]、TW99[21]、GM1[25]、FSUGold[26]、FSU2R[27]、FSU2H[27]来计算前身中子星。在前身中子星形成初期,其温度可高达 30 MeV。因此,在本研究中,前身中子星 PSR J0740+6620 的温度 T=20 MeV[36]。

如果超子 Λ、Σ、Ξ 记为 h,按式(2.1-1)、式(2.1-2)和式(2.1-3),我们定义 $x_{\sigma h}$、$x_{\omega h}$ 和 $x_{\rho h}$,研究结果表明其取值在 1/3~1 之间[25]。我们根据夸克结构的 SU(6)对称性来选取 $x_{\rho h}$[28-29]。因为越大的 $x_{\sigma h}$ 和 $x_{\omega h}$ 会给出越大的前身中子星

质量[34]。为了计算得到尽可能大的前身中子星质量，我们选取尽可能大的 $x_{\sigma h}$ 和 $x_{\omega h}$。本研究中，我们取 $x_{\omega h}=0.9$，而 $x_{\sigma h}$ 由式（2.1-4）来确定[23]。

根据近年来实验粒子物理学方面的研究进展，超子在饱和核物质中的势阱深度取 $U_{\Lambda}^{(N)}=-30$ MeV[29-31]、$U_{\Sigma}^{(N)}=30$ MeV[29-32]、$U_{\Xi}^{(N)}=-14$ MeV[33]。我们用介子 σ^*、φ 描述超子之间的相互作用。介子 σ^*、φ 与超子之间耦合参数的选取参考式（2.1-5）、式（2.1-6）和式（2.1-7）。

前身中子星的质量随半径的变化情况如图 2.2-1 所示。我们看到，只有核子耦合参数 DD-ME1、NL1、NL2、TW99、GM1 可以给出前身中子星 PSR J0740+6620 的质量。接下来，我们将研究这 5 组核子耦合参数对前身中子星 PSR J0740+6620 表面引力红移的影响。

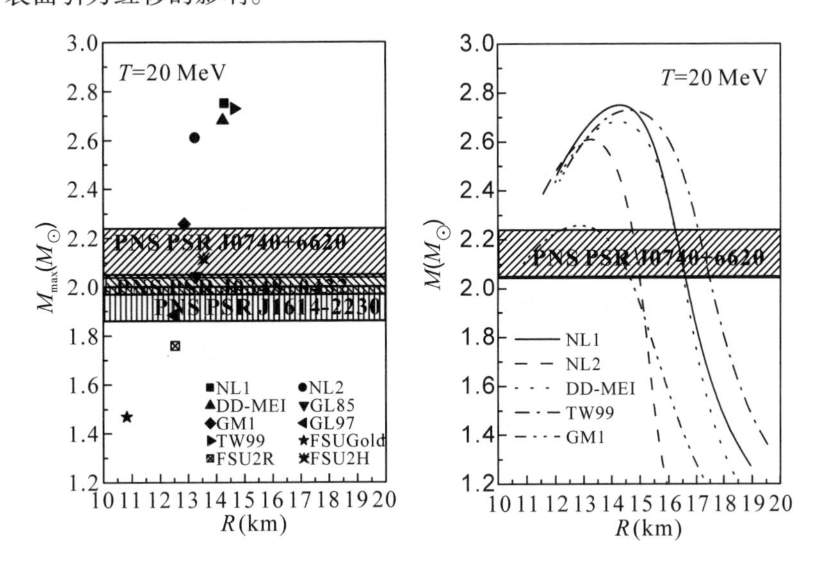

图 2.2-1　前身中子星的质量随半径的变化情况

注：本研究中，前身中子星的温度取 $T=20$ MeV。M_{max} 表示前身中子星的最大质量。

2.2.2　前身中子星 PSR J0740+6620 的半径、能量密度和压强

由图 2.2-1 可知，在观测质量 $2.05M_{\odot}<M<2.24M_{\odot}$ 的约束下，计算得到的前身中子星 PSR J0740+6620 半径的取值范围为 13.44～17.46 km。在前身中子星 PSR J0740+6620 观测质量 $2.05M_{\odot}<M<2.24M_{\odot}$ 的约束下，本研究中各相关物理量的计算结果见表 2.2-1。

表 2. 2-1　本工作计算得到的前身中子星 PSR J0740+6620 的性质

参数	R (km)	ρ_c (fm^{-3})	ε_c ($\times10^{15}g\cdot cm^{-3}$)	p_c ($\times10^{35}dyne\cdot cm^{-2}$)	M/R ($M_{\odot}/km$)	z
NL1	16. 23~16. 59	0. 336~0. 365	0. 609~0. 672	1. 043~1. 375	0. 123~0. 138	0. 254~0. 300
NL2	14. 73~14. 98	0. 394~0. 439	0. 712~0. 812	1. 328~1. 818	0. 137~0. 152	0. 295~0. 347
DD-ME1	16. 20~16. 52	0. 328~0. 361	0. 594~0. 666	0. 996~1. 312	0. 124~0. 138	0. 256~0. 300
TW99	17. 07~17. 46	0. 303~0. 333	0. 552~0. 617	0. 869~1. 138	0. 117~0. 131	0. 237~0. 277
GM1	13. 44~14. 63	0. 512~0. 737	0. 976~1. 546	1. 960~4. 363	0. 140~0. 167	0. 306~0. 403

注:R 是前身中子星 PSR J0740+6620 的半径,ρ_c 是其中心重子密度,ε_c 是其中心能量密度,p_c 是其中心压强,M/R 是其质量与半径的比值,z 是其表面引力红移。

中心重子密度是前身中子星内部重子密度的最大值。由表 2. 2-1 可知,前述 5 组核子耦合参数计算得到的前身中子星 PSR J0740+6620 的中心重子密度为 0. 303~0. 737 fm^{-3}。我们还看到,对于不同核子耦合参数,计算得到的中心重子密度的值差异很大。

相同的前身中子星质量对应不同的半径,这表明不同的核子耦合参数给出了不同的状态方程,有的物态方程较软,有的物态方程则较硬。

前身中子星 PSR J0740+6620 的能量密度和压强随重子密度的变化情况如图 2. 2-2 所示。由图 2. 2-2 可知,不同的核子耦合参数计算得到的能量密度是不同的,但变化不是太大。而利用不同核子耦合参数计算得到的压强却差别很大。我们还看到,核子耦合参数 TW99 计算得到的能量密度最大,表明该组常数对应的物态方程是最硬的;核子耦合参数 GM1 计算得到的能量密度最小,表明该组常数给出的物态方程是最软的。

从图 2. 2-2 中我们可以看到,随着重子密度的增大,能量密度和压强都增大了。由于核子耦合参数 TW99 给出的物态方程是最硬的,而核子耦合参数 GM1 给出的物态方程是最软的,为了获得相同的前身中子星 PSR J0740+6620 的质量,核子耦合参数 TW99 给出的物态方程可以在较小的中心能量密度(0. 552×10^{15}~0. 617×10^{15} $g\cdot cm^{-3}$)下实现;而核子耦合参数 GM1 给出的物态方程只能在较大的中心能量密度($0.976\times10^{15}\sim1.546\times10^{15}$ g · cm^{-3})下实现(见表 2.2-1)。由上述 5 组核子耦合参数给出的前身中子星 PSR J0740+6620 中心能量密度的取值范围为 $0.552\times10^{15}\sim1.546\times10^{15}$ g · cm^{-3}。

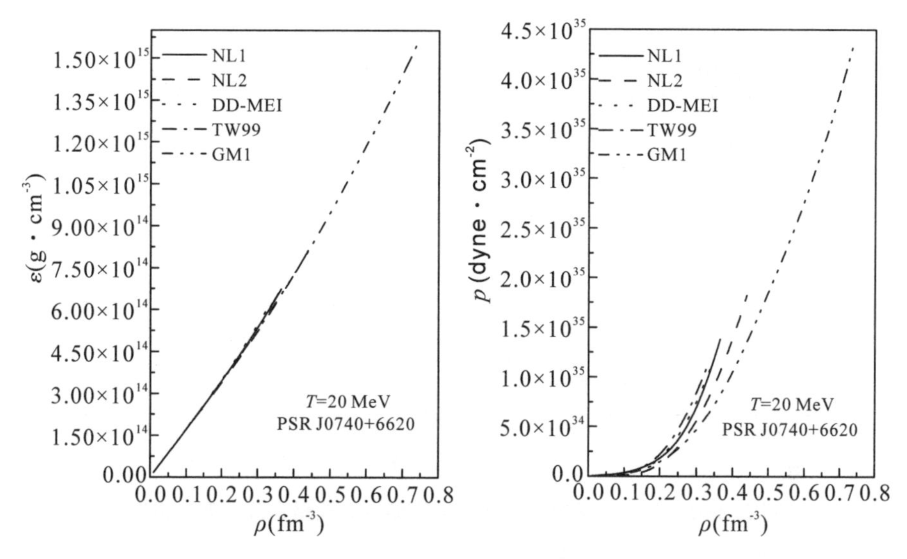

图 2.2-2 前身中子星 PSR J0740+6620 的能量密度和压强随重子密度的变化情况

注:本研究中,前身中子星的温度取 $T=20$ MeV。

2.2.3 前身中子星 PSR J0740+6620 的表面引力红移

由式(1.4-20)可知,前身中子星的质量半径比决定了前身中子星的表面引力红移大小。为了研究核子耦合参数对表面引力红移的影响,我们将首先研究核子耦合参数对质量半径比的影响。

前身中子星的质量和半径随中心能量密度的变化情况如图 2.2-3 所示。由图 2.2-3 可知,前身中子星的质量随着中心能量密度的增加而增大,而前身中子星的半径随着中心能量密度的增加而减小。因此,前身中子星的质量半径比也必将随着中心能量密度的增加而增大(见图 2.2-4)。进一步地,前身中子星的表面引力红移也必将随着中心能量密度的增加而增大(见图 2.2-4)。在前身中子星 PSR J0740+6620 观测质量的约束下,不同的核子耦合参数给出的半径相差很大,因此计算得到的质量半径比也不同。这也将进一步导致计算得到的表面引力红移不同。

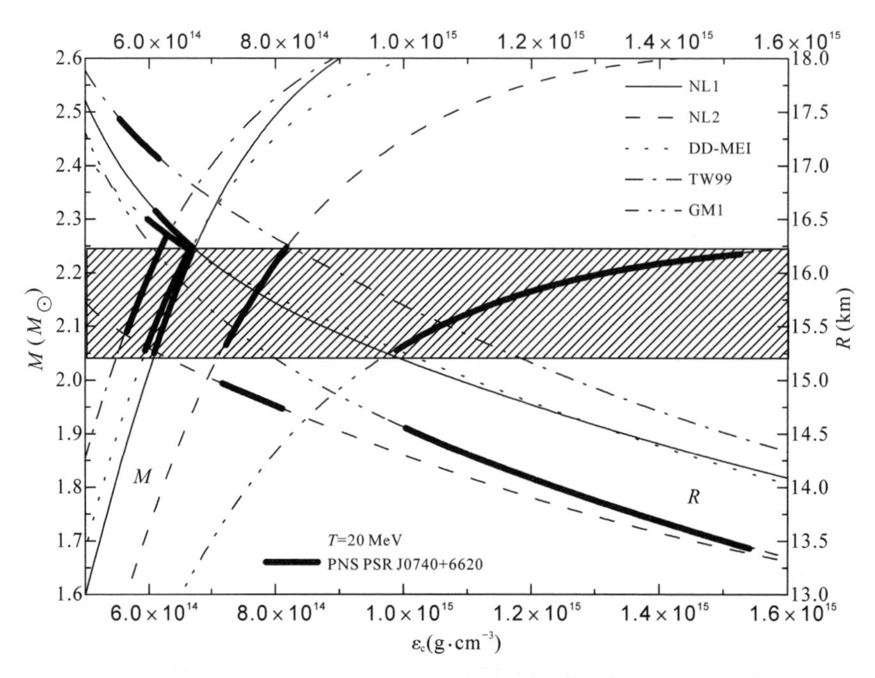

图 2.2-3 前身中子星的质量和半径随中心能量密度的变化情况

注:横坐标表示前身中子星 PSR J0740+6620 的中心能量密度(ε_c)。前身中子星 PSR J0470+6620 的质量和半径用粗实线表示。

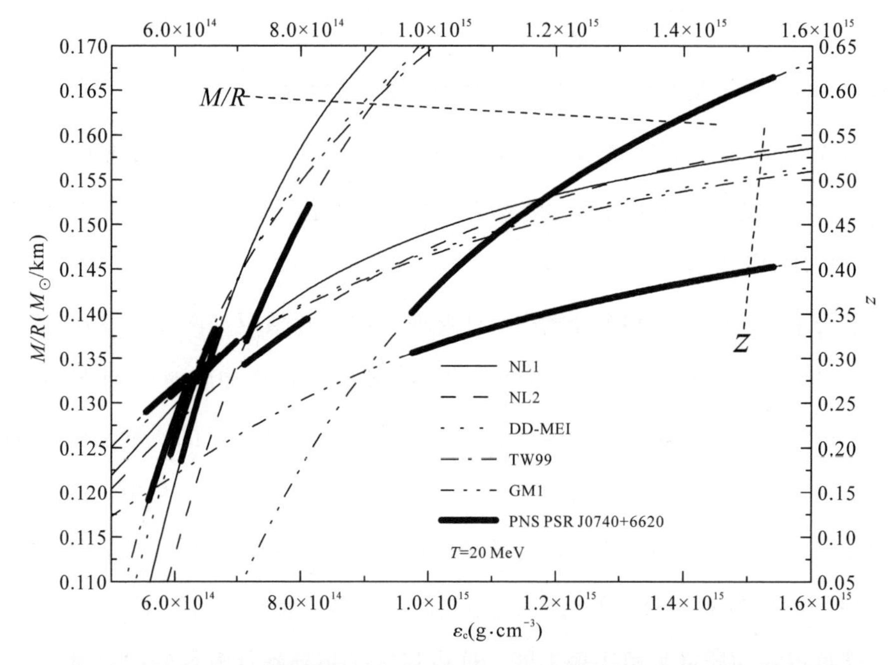

图 2.2-4 前身中子星的质量半径比和表面引力红移随中心能量密度的变化情况

注:前身中子星 PSR J0740+6620 的相关物理量用图中的粗实线表示。

例如,核子耦合参数 GM1 给出的最大质量半径比为 0. 140～0. 167$M_{\odot}$/km。因此,根据核子耦合参数 GM1 计算得到的前身中子星 PSR J0740+6620 的表面引力红移的值也最大,为 0. 306～0. 403。核子耦合参数 TW99 给出的质量半径比最小,为 0. 117～0. 131$M_{\odot}$/km。因此,根据核子耦合参数 TW99 计算得到的前身中子星 PSR J0740+6620 的表面引力红移的值也是最小的,为 0. 237～0. 277。综上所述,前述 5 组核子耦合参数计算得到的质量半径比取值范围为 0. 117～0. 167$M_{\odot}$/km,表面引力红移的取值范围为 0. 237～0. 403。

在前身中子星 PSR J0740+6620 观测质量 2. 05$M_{\odot}<M<$2. 24$M_{\odot}$ 的约束下,将前身中子星表面引力红移随半径、质量以及质量半径比的变化情况直观地表示于图 2. 2-5～图 2. 2-7。我们看到,前身中子星的表面引力红移随着半径的增加而减小(见图 2. 2-5),随着质量的增加而增大(见图 2. 2-6),也随着质量半径比的增加而增大(见图 2. 2-7)。

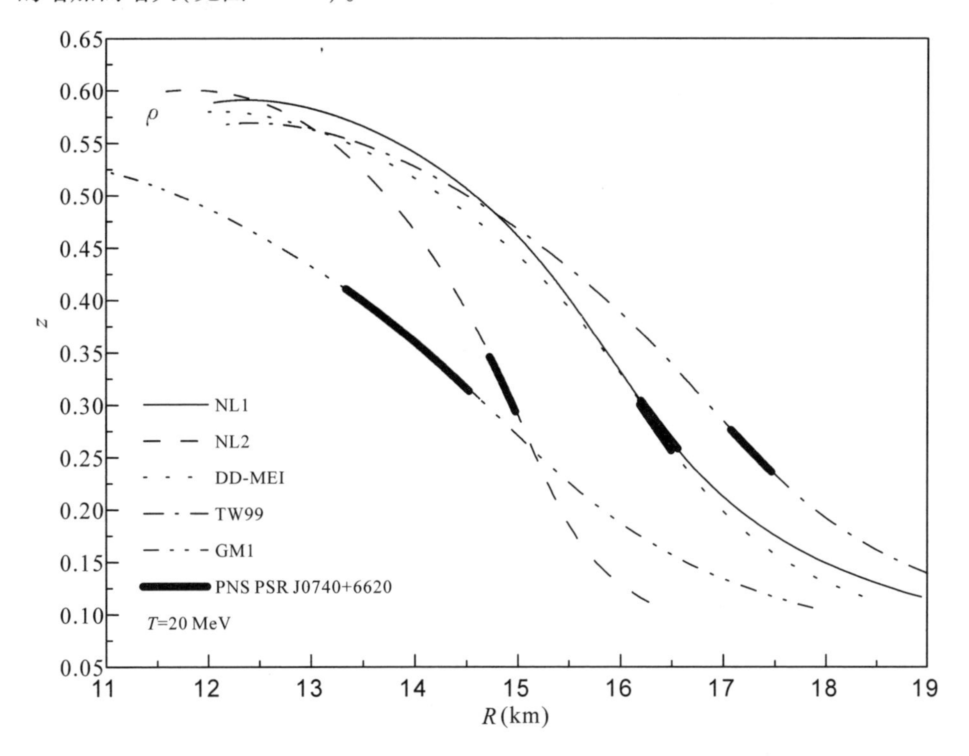

图 2. 2-5　前身中子星的表面引力红移随半径的变化情况

注:前身中子星 PSR J0470+6620 的表面引力红移用粗实线表示。

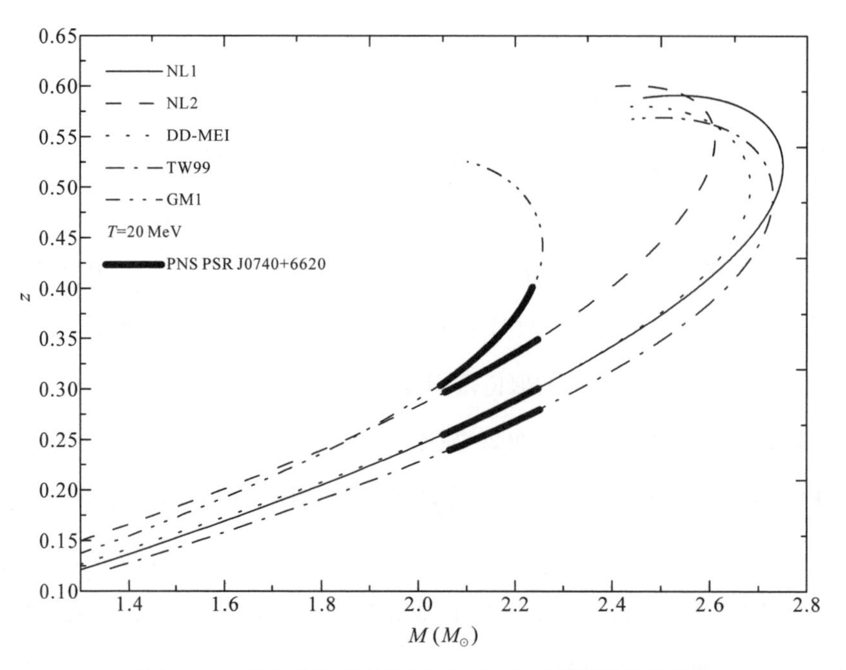

图 2.2-6　前身中子星的表面引力红移随质量的变化情况

注:前身中子星 PSR J0470+6620 的表面引力红移用粗实线表示。

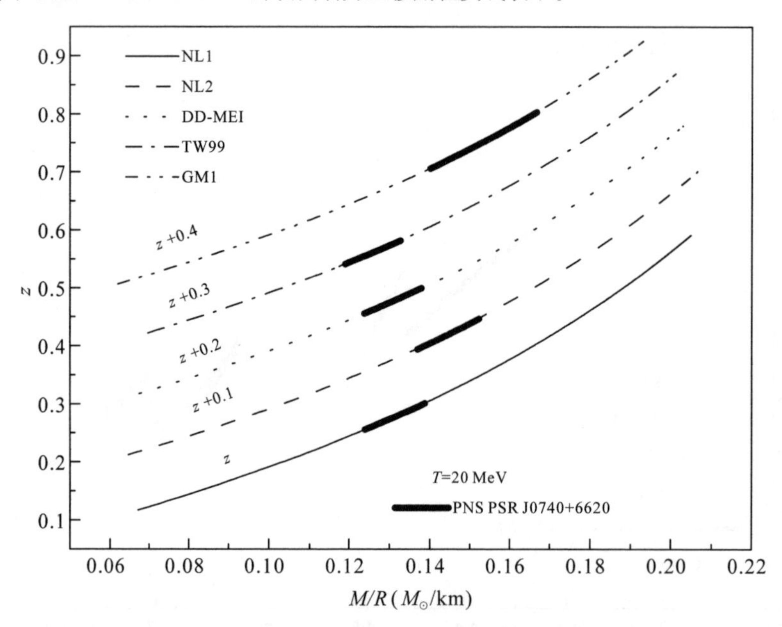

图 2.2-7　前身中子星的表面引力红移随质量半径比的变化情况

注:前身中子星 PSR J0470+6620 的表面引力红移用粗实线表示。为了更好地区分不同常数给出的曲线,将核子耦合参数 NL1、NL2、DD-ME1、TW99、GM1 计算得到的表面引力红移依次增加 0.1。

在所有情况下，核子耦合参数 GM1 都给出了最大的前身中子星表面引力红移。在图 2.2-7 中，为了能够更好地区分不同核子耦合参数得到的曲线，将核子耦合参数 NL1、NL2、DD-ME1、TW99、GM1 计算得到的表面引力红移依次增加 0.1。

2.2.4　总结

利用相对论平均场理论，考虑到重子八重态，确定了前身中子星 PSR J0740+6620 在不同核子耦合参数下的表面引力红移。本研究中，我们采用了 10 组核子耦合参数（NL1、NL2、GL85、GL97、GM1、DD－ME1、TW99、FSUGold、FSU2R、FSU2H）。计算发现，只有 5 组核子耦合参数（NL1、NL2、DD-MEI、GM1、TW99）可以给出前身中子星 PSR J0740+6620 的质量。我们研究了这 5 组核子耦合参数对前身中子星 PSR J0740+6620 表面引力红移的影响。

前身中子星 PSR J0740+6620 的观测质量 $2.05M_{\odot}<M<2.24M_{\odot}$，受此约束，不同核子耦合参数给出的半径有较大差异。核子耦合参数 TW99 给出的前身中子星的半径最大，而核子耦合参数 GM1 给出的半径最小。

对应于同一重子密度，核子耦合参数 TW99 给出的前身中子星的能量密度最大，表明其对应的物态方程是最硬的。核子耦合参数 GM1 计算给出的能量密度最小，表明其对应的物态方程是最软的。为了获得前身中子星 PSR J0740+6620 的质量，核子耦合参数 TW99 给出的物态方程可以在最小的中心能量密度（$0.552\times10^{15}\sim0.617\times10^{15}\ \mathrm{g\cdot cm^{-3}}$）下实现；而核子耦合参数 GM1 给出的物态方程却只能在最大中心能量密度（$0.976\times10^{15}\sim1.546\times10^{15}\ \mathrm{g\cdot cm^{-3}}$）下实现。

在观测质量 $2.05M_{\odot}<M<2.24M_{\odot}$ 的约束下，计算得到的前身中子星 PSR J0740+6620 半径的取值范围为 13.44～17.46 km，质量半径比的取值范围为 $0.117\sim0.167M_{\odot}/\mathrm{km}$，表面引力红移的取值范围为 0.237～0.403。

2.3　核子耦合参数对前身中子星 PSR J0740+6620 转动惯量的影响

中子星是致密、快速旋转的天体[37-38,40-41]。在恒星演化的后期阶段，前身中子星由超新星爆发在核心形成。中子星由前身中子星通过中微子辐射逐渐冷却而形成[36]。前身中子星的结构对恒星的组成很敏感，而对它的熵不敏感，被捕获的中微子的数量在决定恒星的组成方面起着重要的作用[42]。

对于核心含有核子、超子和轻子的中子星，有限温度 Brueckner-Bethe-

Goldstone 方法表明,有限温度和中微子捕获都降低了纯粹由核子组成的前身中子星的最大质量值。对于超音速前身中子星,这种效应是相反的,因为中微子捕获将增大超子的产生,以得到更大的重子密度,从而使得物态方程变得更硬[43-44]。Glendenning 的研究表明,前身中子星的结构将会影响到它的质量和半径[45-46]。

前身中子星的质量和半径与其转动惯量密切相关,而转动惯量则是描述前身中子星转动特性的一个重要的物理量。由于前身中子星的质量巨大,在计算它们的转动惯量时必须考虑广义相对论的影响[47-48]。

近年来,一系列大质量中子星[中子星 PSR J1614－2230, $M=1.97\pm 0.04M_{\odot}$(2010)[4],之后,其质量又被确定为 $M=1.93\pm0.07M_{\odot}$(2016)[5];中子星 PSR J0348+0432, $M=2.01\pm0.04M_{\odot}$(2013)[6];中子星 PSR J0740+6620, $M=2.14^{+0.10}_{-0.09}M_{\odot}$(2020)[7]]先后被发现。这些大质量中子星的质量、半径和转动惯量对于描述它们的旋转特性和恒星的演化非常重要,这是我们非常感兴趣的课题。

相对论平均场理论是描述有限核的理论,它可以成功地描述高密度的中子星物质[22-23]。研究结果表明,超子星的跃迁密度对核子耦合参数非常敏感[2]。中子星向超子星的转变意味着中子星中的大量核子变成了超子。中子星中粒子的组成将影响其质量和半径[22]。因此,中子星的质量和半径(以及中子星的惯性惯量)也对核子耦合参数很敏感。

本小节利用相对论平均场理论,在考虑重子八重态的情况下,研究了核子耦合参数对前身中子星 PSR J0740+6620 转动惯量的影响。

2.3.1 计算理论和参数选取

计算前身中子星的相对论平均场理论见 1.1 节,前身中子星转动惯量的计算见 1.3 节。

本工作利用 10 组核子耦合参数(DD－ME1[21]、GL85[22]、GL97[23]、NL1[24]、NL2[24]、TW99[21]、GM1[25]、FSUGold[26]、FSU2R[27]、FSU2H[27])计算研究前身中子星的性质。

我们按式(2.1－1)、式(2.1－2)和式(2.1－3)定义 $x_{\sigma h}$、$x_{\omega h}$ 和 $x_{\rho h}$,研究结果表明其取值在 1/3～1 之间[25]。

我们通过 SU(6)对称性[28-29]来选择 $x_{\rho h}$,其中 h 表示超子 Λ、Σ、Ξ。对于前身中子星的最大质量,它随着参数 $x_{\sigma h}$ 和 $x_{\omega h}$ 的增加而增大[34]。因此,为了能够得到尽可能大的前身中子星质量，我们应取尽可能大的 $x_{\omega h}$。此处，我们选取 $x_{\omega h}$ = 0.9，$x_{\sigma h}$ 由式(2.1-4)计算得到[23]。

超子在饱和核物质中的势阱深度分别取 $U_{\Lambda}^{(N)} = -30$ MeV[29-31]、$U_{\Sigma}^{(N)} = 30$ MeV[29-32]、$U_{\Xi}^{(N)} = -14$ MeV[33]。用介子 σ^{*}、φ 描述超子之间的相互作用。介子 σ^{*}、φ 与超子之间的耦合参数的选取参考式(2.1-5)、式(2.1-6)和式(2.1-7)。前身中子星 PSR J0740+6620 的温度取 T=20 MeV[36]。

我们利用上述 10 组核子耦合参数计算出的前身中子星的半径随质量的变化情况如图 2.3-1 所示，计算得到的前身中子星 PSR J0740+6620 的性质见表 2.3-1。由图 2.3-1 和表 2.3-1 可知，在这 10 组核子耦合参数中，只有核子耦合参数 DD-ME1、NL1、NL2、TW99、GM1 可以给出前身中子星 PSR J0740+6620 的质量。接下来，本小节将计算研究核子耦合参数 DD-ME1、NL1、NL2、TW99、GM1 对前身中子星 PSR J0740+6620 转动惯量的影响。

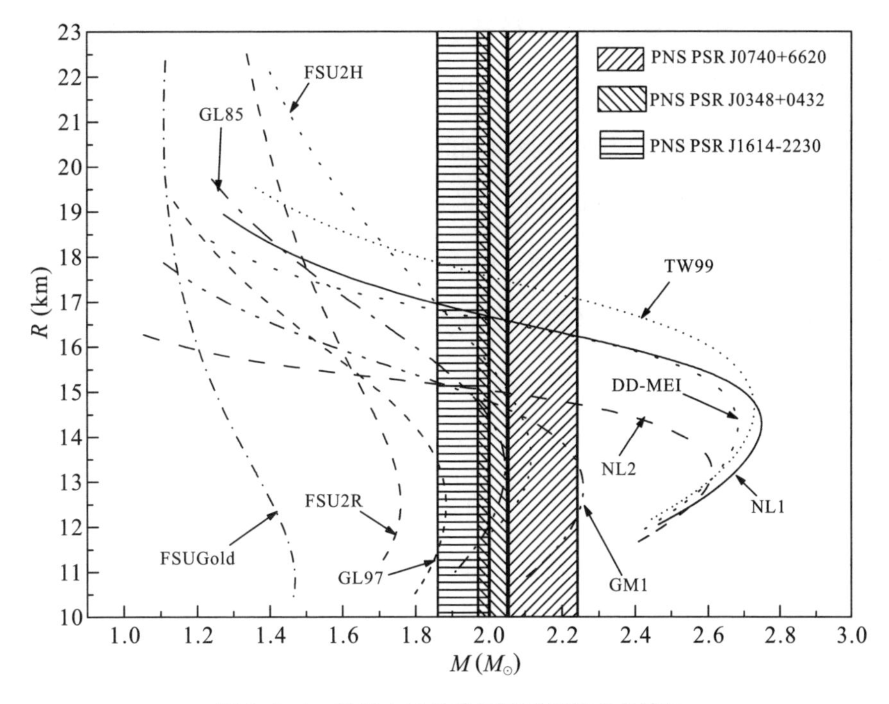

图 2.3-1 前身中子的半径随质量的变化情况

注：图中的阴影区分别表示了前身中子星 J1614-2230、J0348+0432 和 PSR J0740+6620 的质量范围。

表 2.3-1　本研究计算得到的前身中子星 PSR J0740+6620 的性质

参数	R (km)	ρ_c (fm^{-3})	ε_c ($\times 10^{15} g \cdot cm^{-3}$)	p_c ($\times 10^{35} dyne \cdot cm^{-2}$)	I ($\times 10^{45} g \cdot cm^2$)
NL1	16.23~16.59	0.336~0.365	0.609~0.672	1.043~1.375	3.381~3.715
NL2	14.73~14.98	0.394~0.439	0.712~0.812	1.328~1.818	3.061~3.238
DD-ME1	16.20~16.52	0.328~0.361	0.594~0.666	0.996~1.312	3.428~3.705
TW99	17.07~17.46	0.303~0.333	0.552~0.617	0.869~1.138	3.597~3.883
GM1	13.44~14.63	0.512~0.737	0.976~1.546	1.960~4.363	2.050~2.465

注:前身中子星 PSR J0740+6620 的观测质量为(2.05~2.24)$M_{\odot}$。R、ρ_c、ε_c、p_c、I 分别为前身中子星 PSR J0740+6620 的半径、中心重子密度、中心能量密度、中心压强和转动惯量。

2.3.2　前身中子星 PSR J0740+6620 的半径

前身中子星 PSR J0740+6620 的观测质量为(2.05~2.24)$M_{\odot}$[7],其中我们用核子耦合参数 GM1 计算得到的半径最小,为 13.44~14.63 km,而用核子耦合参数 TW99 计算得到的半径最大,为 17.07~17.46 km(见图 2.3-1 和表 2.3-1)。我们用另外三组核子耦合参数计算得到的半径介于上述两个值之间。

用不同的核子耦合参数计算得到的前身中子星的中心重子密度是不同的。核子耦合参数 GM1 计算得到的前身中子星 PSR J0740+6620 的中心重子密度最大,为 0.512~0.737 fm^{-3},核子耦合参数 TW99 计算得到的中心重子密度最小,为 0.303~0.333 fm^{-3}。其他核子耦合参数计算得到的前身中子星 PSR J0740+6620 的中心重子密度介于两者之间。

2.3.3　前身中子星 PSR J0740+6620 的能量密度和压强

我们利用 5 组核子耦合参数计算得到的前身中子星 PSR J0740+6620 的压强随能量密度的变化情况如图 2.3-2 所示。由图 2.3-2 可知,前身中子星的压强随着能量密度的增加而增大。对应于同一能量密度,核子耦合参数 TW99 计算得到的压强最大,核子耦合参数 GM1 计算得到的压强最小。核子耦合参数 DD-ME1、NL1、NL2 计算得到的压强介于两者之间,并依次减小。

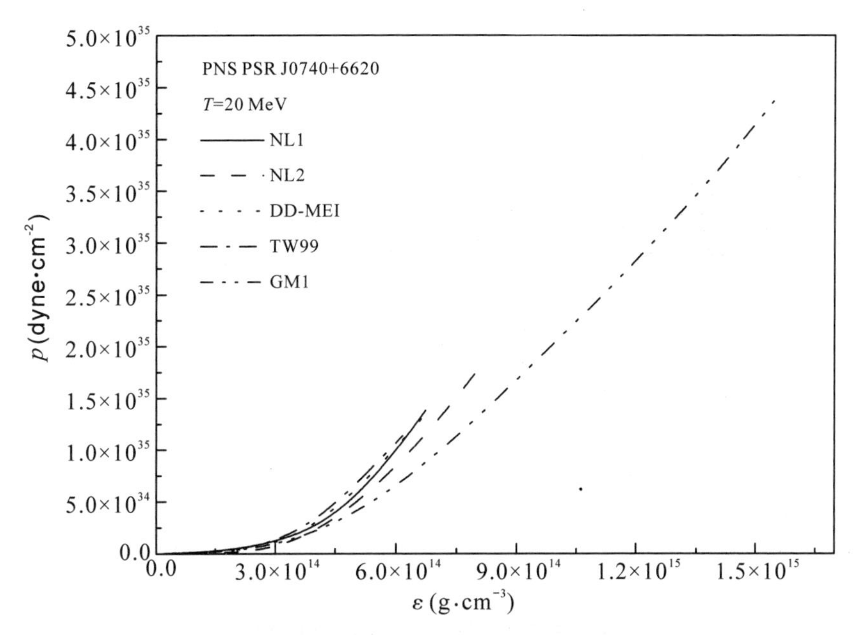

图 2. 3-2　前身中子星 PSR J0740+6620 的压强随能量密度的变化情况

注:每条曲线的终点都是中心重子密度(ρ_c)。

从图 2. 3-2 和表 2. 3-1 可以看出,不同的核子耦合参数计算得到的前身中子星 PSR J0740+6620 的中心能量密度和中心压强是不同的,有的甚至相差很大。核子耦合参数 TW99、DD-ME1、NL1、NL2、GM1 计算得到的前身中子星 PSR J0740+6620 的中心能量密度和中心压强依次增大。

2. 3. 4　核子耦合参数对前身中子星 PSR J0740+6620 转动惯量的影响

我们用前述 5 组核子耦合参数计算得到的前身中子星的转动惯量和质量随中心能量密度的变化情况如图 2. 3-3 所示。由图 2. 3-3 可知,核子耦合参数 TW99、NL1、DD-ME1、NL2 计算得到的前身中子星 PSR J0740+6620 的转动惯量随着中心能量密度的增加而增大,而核子耦合参数 GM1 计算得到的转动惯量则随着中心能量密度的增加而减小。核子耦合参数 TW99、NL1、DD-ME1、NL2 和 GM1 计算得到的转动惯量的峰值依次减小。这是因为,尽管在前身中子星 PSR J0740+6620 观测质量的约束下,我们用 5 组核子耦合参数计算得到的前身中子星的质量都随着中心能量密度的增加而增加(质量增加幅度几乎相同),但是,前身中子星的半径却随着中心能量密度的增加而减小。

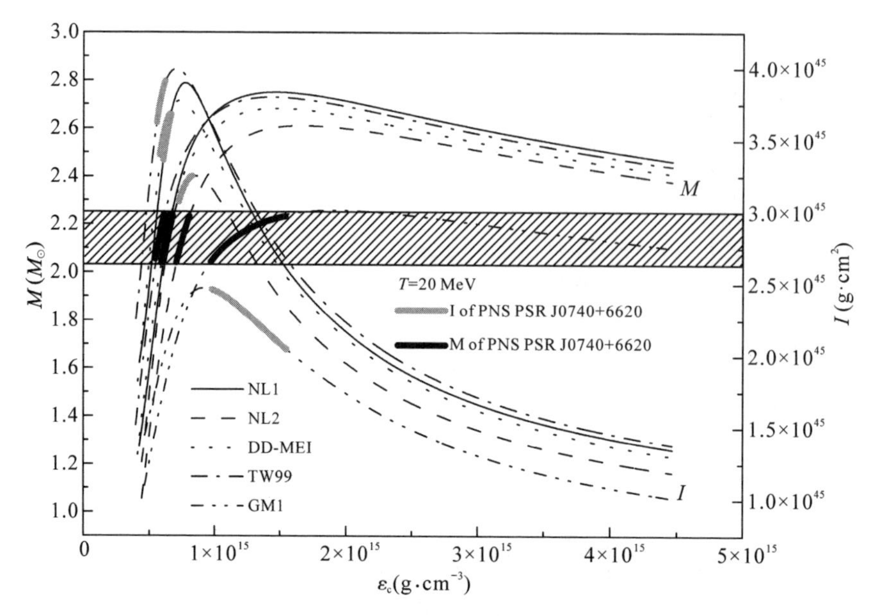

图 2.3-3　前身中子星的转动惯量和质量随中心能量密度的变化情况

注:粗实线表示前身中子星 PSR J0740+6620 的转动惯量和质量。

并且,核子耦合参数 NL1、NL2、DD-ME1、TW99 计算得到的半径要比核子耦合参数 GM1 计算得到的半径小(见图 2.3-4)。

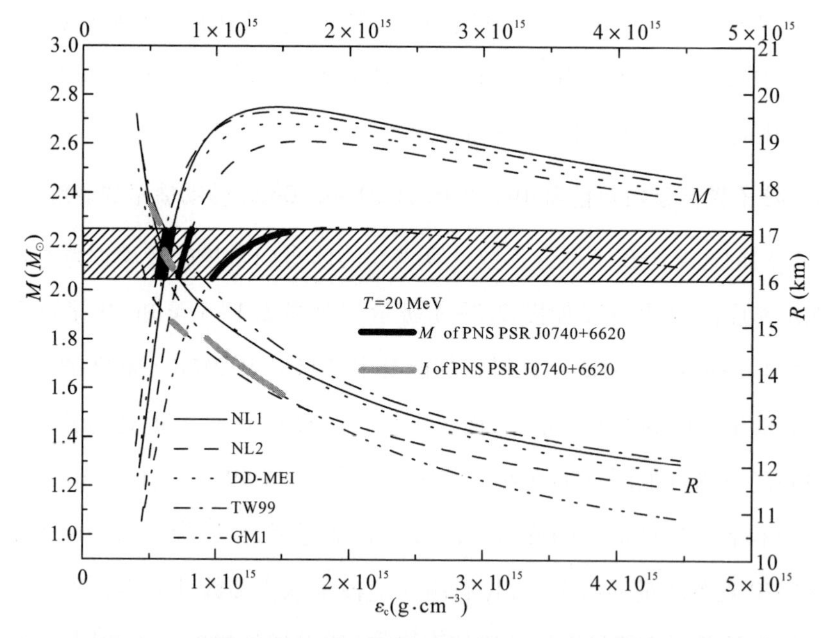

图 2.3-4　前身中子星的质量和半径随中心能量密度的变化情况

注:粗实线表示前身中子星 PSR J0740+6620 的质量和半径。

因此,由核子耦合参数 NL1、NL2、DD-ME1、TW99 计算得到的转动惯量随着中心能量密度的增加而增大,而由核子耦合参数 GM1 计算得到的转动惯量则随着中心能量密度的增加而减小。

前身中子星的转动惯量随质量的变化情况如图 2. 3-5 所示,前身中子星的转动惯量先随着质量的增加而增大,在达到转动惯量的最大值之后,再随着质量的增加而减小。当超过前身中子星的最大质量时,转动惯量随着质量的减小而减小。

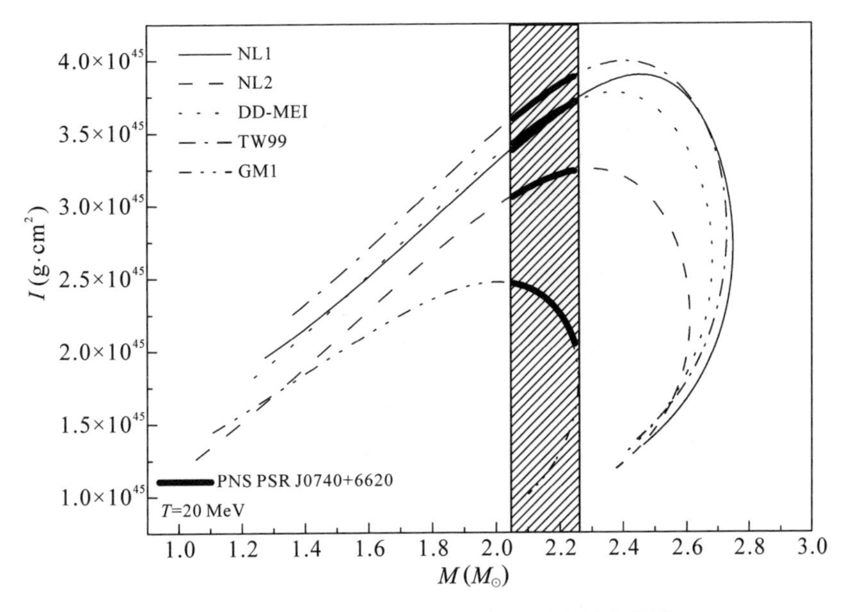

图 2. 3-5　前身中子星的转动惯量随质量的变化情况

注:粗实线表示前身中子星 PSR J0740+6620 的转动惯量(I)。

由图 2. 3-5 可知,对于前身中子星 PSR J0740+6620[质量范围为(2. 05 ~ 2. 24)$M_{\odot}$],核子耦合参数 NL1、NL2、DD-ME1、TW99 计算得到的转动惯量随着质量的增加而增大,而核子耦合参数 GM1 计算得到的转动惯量则随着质量的增加而减小。原因仍然是,在前身中子星 PSR J0740+6620 观测质量的约束下,核子耦合参数 GM1 计算得到的前身中子星半径的减小量要大于核子耦合参数 NL1、NL2、DD-ME1、TW99 计算得到的半径的减小量。

前身中子星的转动惯量随半径的变化情况如图 2. 3-6 所示,前身中子星的转动惯量首先随着半径的增大而增大,达到峰值后又随着半径的增大而减小。

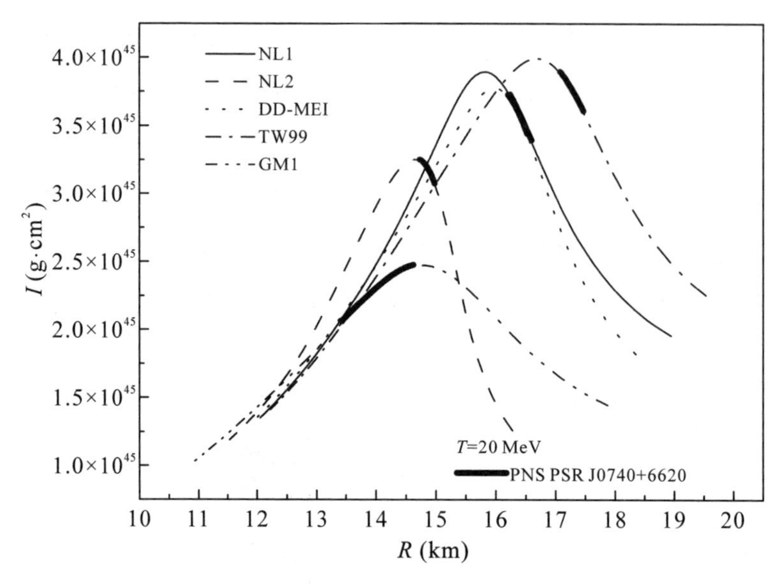

图 2.3-6　前身中子星的转动惯量随半径的变化情况

注:粗实线代表前身中子星 PSR J0740+6620 的转动惯量(I)和半径(R)。

由图 2.3-6 可知,在前身中子星 PSR J0740+6620 观测质量的约束下,不同的核子耦合参数计算得到的转动惯量随半径的变化趋势不同。核子耦合参数 NL1、NL2、DD-ME1、TW99 计算得到的前身中子星 PSR J0740+6620 的转动惯量随着半径的增大而减小,而核子耦合参数 GM1 计算得到的转动惯量则随着半径的增大而增大。

从表 2.3-1 可以看出,5 组核子耦合参数计算得到的前身中子星 PSR J0740+6620 的转动惯量的数值范围在 $2.050\times10^{45}\sim2.465\times10^{45}$ g·cm^2(GM1)和 $3.597\times10^{45}\sim3.883\times10^{45}$ g·cm^2(TW99)之间。

2.3.5　总结

考虑到重子八重态,我们利用相对论平均场理论计算研究了核子耦合参数对前身中子星 PSR J0740+6620 转动惯量的影响。本小节利用 5 组核子耦合参数(DD-ME1、NL1、NL2、TW99、GM1)来研究了这种影响。

在前身中子星 PSR J0740+6620 观测质量为 $(2.05\sim2.24)M_\odot$ 的约束下,核子耦合参数 GM1 计算得到的前身中子星的半径最小,为 13.44~14.63 km,而核子耦合参数 TW99 计算得到的前身中子星的半径最大,为 17.07~17.46 km。另外 3 组核子耦合参数计算得到的半径介于 14.73~16.52 km 之间。

不同的核子耦合参数计算得到的前身中子星的中心重子密度也不同。核子耦合参数 GM1 计算得到的前身中子星 PSR J0740+6620 的中心重子密度最大，为 0. 512~0. 737 fm^{-3}，核子耦合参数 TW99 计算得到的中心重子密度最小，为 0. 303~0. 333 fm^{-3}，其他核子耦合参数计算得到的中心重子密度介于 0. 328~0. 439 fm^{-3} 之间。

对应于同一能量密度，核子耦合参数 TW99 计算得到的压强最大，而核子耦合参数 GM1 计算得到的压强最小。核子耦合参数 DD-ME1、NL1、NL2 计算得到的压强介于两者之间，并依次减小。不同的核子耦合参数计算得到的前身中子星 PSR J0740+6620 的中心能量密度和中心压强都不相同，甚至有的差异较大。核子耦合参数 TW99、DD-ME1、NL1、NL2、GM1 计算得到的前身中子星 PSR J0740+6620 的中心能量密度和中心压强依次增大。

核子耦合参数 TW99、NL1、DD-ME1、NL2、GM1 计算得到的转动惯量的最大值依次减小。在前身中子星 PSR J0740+6620 的观测质量的约束下（取中子星 PSR J0740+6620 的观测质量），5 组核子耦合参数计算得到的前身中子星的质量随着中心能量密度的增大而增大，半径则随着中心能量密度的增大而减小（核子耦合参数 GM1 计算得到的半径减小得最大）。结果表明：在前身中子星 PSR J0740+6620 观测质量的约束下，核子耦合参数 NL1、NL2、DD-ME1、TW99 计算得到的转动惯量随着中心能量密度和质量的增加而增大，随着半径的增大而减小。核子耦合参数 GM1 计算得到的转动惯量则随着中心能量密度和质量的增大而减小，随着半径的增大而增大。另外，我们的计算还表明，5 组核子耦合参数 TW99、NL1、DD-ME1、NL2、GM1 计算得到的前身中子星 PSR J0740+6620 转动惯量的取值范围为分别为 3.597×10^{45} ~ 3.883×10^{45} g · cm^2（TW99）、3.381×10^{45} ~ 3.715×10^{45} g · cm^2（NL1）、3.428×10^{45} ~ 3.705×10^{45} g · cm^2（DD-ME1）、3.061×10^{45} ~ 3.238×10^{45} g · cm^2（NL2）和 2.465×10^{45} ~ 2.050×10^{45} g · cm^2（GM1）。

参考文献

[1] Wen D H, Chen W, Lu Y G, et al. Frame dragging effect on moment of inertia and radius of gyration of neutron star[J]. Mod. Phys. Lett. A, 2007, 22: 631.

[2] Jia H Y, Sun B X, Meng J, et al. How and why will a neutron star become a hyperon star? [J]. Chin. Phys. Lett, 2001, 18: 1571.

[3] Zhu C, Gao ZcF, et al. Modified Fermi energy of electrons in a superhigh magnetic field[J]. Mod. Phys. Lett. A, 2016, 31: 1650070.

[4] Demorest P B, Pennucci T, Ransom S M, et al. A two-solar-mass neutron star measured using Shapiro delay[J]. Nature, 2010, 467: 1081.

[5] Fonseca E, Pennucci T T, Ellis J A, et al. The NANOGravnine-year data set: mass and geometric measurements of binary millisecond pulsars [J]. Astrphys. J., 2016, 832: 167.

[6] Antoniadis J, Freire P C C, Wex N, et al. Amassive pulsar in a compact eelativistic binary [J]. Science, 2013, 340: 448.

[7] Cromartie H T, Fonseca E, Ransom S M, et al. Relativistic Shapiro delay measurements of an extremely massive millisecond pulsar [J]. Nat. Astron., 2020, 4: 72.

[8] Deng Z L, Gao Z F, Li X D, et al. On the formation of PSR J1640+2224: a neutron star born massive? [J]. Astrphys. J., 2020, 892: 4.

[9] Gao Z F, Wang N, Shan H, et al. Thedipole magnetic field and spin-down evolutions of the high braking index pulsar[J]. Astrphys. J., 2017, 849: 19.

[10] Gao Z F, Li X D, Wang N, et al. Constraining the braking indices of magnetars[J]. Mon. Not. R. Astron. Soc., 2016, 456: 55.

[11] Ghazanfari M M, Ranjbar J. Thomas-Fermi approximation in the phase transition of neutron star matter from β-stable nuclear matter to quark matter[J]. Ann. Phys., 2020, 412: 168048.

[12] Hu H C, Kramer M, Wex N, et al. Constraining the dense matter equation-of-state with radio pulsars[J]. Mon. Not. R. Astron. Soc., 2020, 497: 3118.

[13] Logoteta D, Perego A, Bombaci I. Microscopic equation of state of hot nuclear matter for numerical relativity simulations[J]. Astron. Astrophys. A, 2021, 646: 55.

[14] Yang S H, PI C M, Zheng X P. Non-Newtonian gravity in strange quark stars and constraints from the observations of PSR J0740+6620 and GW170817[J]. Astrphys. J., 2019, 902: 32.

[15] Zhang N B, Li B A. Implications of the mass $M = 2.17^{+0.11}_{-0.10}\ M_{\odot}$ of PSR J0740+6620 on the equation of state of super-dense neutron-rich nuclear matter[J]. Astrphys. J., 2019, 879: 99.

[16] Zhou Y, Chen L W. Ruling out the supersoft high-density symmetry energy from the discovery of PSR J0740+6620 with mass $M=2.14^{+0.10}_{-0.09}\ M_{\odot}$[J]. Astrphys. J., 2019, 886: 52.

[17] Yue T G, Chen L W, Zhang Z, et al. Constraints on the symmetry energy from PREX-II in the multimessenger era[J]. Phys. Rev. Research, 2022, 4: L022054.

[18] Rahaman M, Singh K N. Errehymy A, et al. Anisotropic Karmarkar stars in f(R, T)-gravity[J]. Eur. Phys. J. C, 2020, 80: 272.

[19] Han S, Prakash M. On the Minimum radius of very massive neutron stars[J]. Astrphys. J., 2020, 899:164.

[20] Zhou S G. Multidimensionally onstrained covariant density functional heories—nuclear shapes and potential energy surfaces[J]. Phys. Scr., 2016, 91:063008.

[21] Typel S, Wolter H H. Relativistic mean field calculations with density-dependent meson-nucleon coupling[J]. Nucl. Phys. A, 1999, 656:331.

[22] Glendenning N K. Neutron stars are giant hypernuclei? [J]. Astrphys. J., 1985, 293:470.

[23] Glendenning N K. Compact Stars: Nuclear Physics, Particle Physics, and General Relativity [M]. New York: Springer-Verlag, New York, Inc, 1997.

[24] Lee S J, Fink J, Balantekin A B, et al. Relativistichartree calculations for axially deformed nuclei [J]. Phys. Rev. Lett., 1986, 57:2916.

[25] Glendenning N K, Moszkowski S A. Reconciliation of neutron-star masses and binding of the Lambda in hypernuclei [J]. Phys. Rev. Lett., 1991, 67:2414.

[26] Todd-Rutel B G, Piekarewicz J. Neutron-rich nuclei and neutron stars: a new accurately calibrated interaction for the study of neutron-rich matter [J]. Phys. Rev. Lett., 2005, 95:122501.

[27] Laura T, Mario C, Angels R. The equation of state for the nucleonic and hyperonic core of neutron stars[J]. Publ. Astron. Soc. Aust., 2017, 34:e065.

[28] Schaffner J, Mishustin I N. Hyperon-rich matter in neutron stars[J]. Phys. Rev. C, 1996, 53:1416.

[29] Schaffner-Bielich J, Gal A. Properties of strange hadronic matter in bulk and in finite systems [J]. Phys. Rev. C, 2000, 62:034311.

[30] Weissenborn S, Chatterjee D, Schaffner-Bielich J. Hyperons and massive neutron stars: the role of hyperon potentials [J]. Nucl. Phys. A, 2012, 881:62.

[31] Gal A, Hungerford E V, Millener D J. Strangeness in nuclear physics[J]. Rev. Mod. Phys., 2016, 88:035004.

[32] Batty C J, Friedman E, Gal A. Strong interaction physics from hadronic atoms[J]. Phys. Rep., 1997, 287:385.

[33] Harada T, Hirabayashi Y, Umeya A. Production of doubly strange hypernuclei via Ξ^- doorways in the $^{16}O(K^-, K^+)$ reaction at 1.8 GeV/c[J]. Phys. Lett. B, 2010, 690:363.

[34] Zhao X F. The composition of baryon in the proto neutron star PSR J0348+0432[J]. Int. J. Theor. Phys., 2019, 58:1060.

[35] Schaffner J, Dover C B, Gal A. Multiply strange nuclear systems[J]. Ann. Phys., 1994, 235:35.

[36] Burrows A, Lattier J M. The birth of Neutron stars[J]. Astrophy., 1986, 307:178.

[37] Li X H, Gao Z F, Li X D, et al. Numerically fitting the electron Fermi energy and the electron fraction in A neutron star[J]. Int. J. Mod. Phys. D, 2016, 25:1650002.

[38] Li Y X, Chen H Y, Wen D H, et al. Constraining the nuclear symmetry energy and properties of the neutron star from GW170817 by Bayesian analysis[J]. Eur. Phys. J. A, 2021, 57:31.

[39] Ding W B, Cai M D, Chan A H, et al. The impact of dark matter on neutron stars with antikaon condensations[J]. Int J. Mod. Phys. A, 2022, 37:2250034.

[40] Mu X L, Jia H Y, Zhou Z, et al. Effects of the σ^* and φ mesons on the properties of massive protoneutron stars[J]. Astrphys. J. 2017, 846:140.

[41] Zhu C, Gao Z F, Li X D, et al. Modified Fermi energy of electrons in a superhigh magnetic field [J]. Mod. Phys. Lett. A, 2016, 31:1650070.

[42] Prakash M, Bombaci I, Prakash M, et al. Composition and structure of protoneutron stars[J]. Phys. Rep. 1997, 280:1.

[43] Burgio G F, Baldo M, Nicotra O E, et al. A microscopic equation of state for protoneutron stars [J]. Astrophys Space Sci., 2007, 308:387.

[44] Nicotra O E, Baldo M, Burgio G F, et al. Protoneutron stars within the Brueckner-Bethe-Goldstone theory[J]. Astron. Astrophys., 2006, 451:213.

[45] Glendenning N K. Finite temperature metastable matter [J]. Phys. Lett. B, 1987, 185:275.

[46] Glendenning N K. Hot metastable state of abnormal matter in relativistic nuclear field theory [J]. Nucl. Phys. A, 1987, 469:600.

[47] Hartle J B. Slowly rotating relativistic stars. Ⅰ. Equations of structure[J]. Astrphys. J., 1967, 150:1005.

[48] Hartle J B, Thorne K S. Slowly rotating relativistic stars. Ⅱ. Models for neutron star and supermassive stars[J]. Astrphys. J., 1968, 153:807.

3 超子相互作用对前身中子星 PSR J0740+6620 的影响

3.1 超子相互作用对前身中子星 PSR J0740+6620 性质的影响

中子星是一种高密度星体,其质量对中子星[1-3]的性质有很强的约束。因此,大质量中子星的发现对研究高密度核物质的性质具有重要意义。2010 年,人们发现了大质量中子星 PSR J1614-2230 之后,它的质量最终被确定为(1.93±0.07)$M_{\odot}$[4-5]。2013 年,一颗质量更大的中子星 PSR J0348+0432 被天文观测发现,它的质量被确定为(2.01±0.04)$M_{\odot}$[6]。2020 年,人们又发现了一颗大质量中子星 PSR J0740+6620,其质量为 $2.14^{+0.10}_{-0.09}M_{\odot}$[7],或许是迄今为止发现的质量最大的中子星。

中子星 PSR J0740+6620 的大质量对中子星物质的物态方程有很强的约束作用[8]。Yang 等研究了非牛顿引力对奇异夸克星性质的影响。他们发现,存在奇异夸克星这一观测结果并不能排除非牛顿引力效应[9]。Zhou 等发现,对称能是不能超软的,否则物质的过饱和密度将变为负值,从而使中子星变成只具有纯中子核[10]。

中子星是由超新星爆发产生的。前身中子星首先在核心形成,其温度可高达 30 MeV。之后,前身中子星通过中微子辐射放出能量而冷却形成中子星[11]。前身中子星的大质量对它的性质必然要提供约束作用。研究前身中子星对于理解中子星的演化是很重要的。

在中子星物质中,核子之间的相互作用需要考虑,这可以由介子 σ、ω、ρ[12]来描述。超子之间的相互作用也不容忽视,它们会影响中子星物质的性质。超子之间的相互作用可以由介子 f_0(975)和 φ(1020)[13](分别记为 σ^* 和 φ)来描述。

本小节考虑重子八重态,利用相对论平均场理论计算研究了超子相互作用对前身中子星 PSR J0740+6620 性质的影响。

3.1.1 计算理论和参数选取

前身中子星的相对论平均场理论见 1.1 节,我们可以利用 TOV 方程来计算前身中子星的质量和半径(见 1.2 节)。

我们采用以下 8 组核子耦合参数来计算前身中子星:DD-ME1[14]、GL85[12]、GL97[15]、TW99[14]、GM1[16]、FSUGold[17]、FSU2R[18]、FSU2H[18]。

在前身中子星中,温度(T)可以被认为是能量密度(ε)和压强(p)的函数,前身中子星物质可以被视为无限核物质。如果将温度设定为定值,则能量密度和压强将随着核子耦合参数[19-20]的变化而变化,这取决于饱和核物质的性质,比如重子的有效质量[15]。在本研究中,我们取前身中子星 PSR J0740+6620 的温度$T=20$ MeV[11]。

超子与介子的耦合参数和核子与介子的耦合参数的比值由式(2.1-1)、式(2.1-2)和式(2.1-3)定义。

本研究中,超子耦合参数与核子耦合参数比值 $x_{\rho h}$ 根据夸克结构的 SU(6)对称性[21-22]选取。计算结果表明,前身中子星的质量随着 $x_{\sigma h}$ 和 $x_{\omega h}$[23]的增大而增大。为了获得更大的前身中子星质量,我们必须选择较大的 $x_{\omega h}$。这里,我们选取 $x_{\omega h}=0.9$,而 $x_{\sigma h}$ 由拟合超子在饱和核物质中的势阱深度计算式[(2.1-4)式]计算得到。

根据重离子碰撞的实验结果,超子在饱和核物质中的势阱深度分别取 $U_{\Lambda}^{(N)}=-30$ MeV[22,24-25]、$U_{\Sigma}^{(N)}=30$ MeV[22,24-26]、$U_{\Xi}^{(N)}=-14$ MeV[27]。介子 σ^*、φ 与超子之间耦合参数的选取参考式(2.1-5)、式(2.1-6)和式(2.1-7)。

前身中子星的质量随半径的变化情况如图 3.1-1 所示。由图 3.1-1 可知,只有根据核子耦合参数 DD-ME1、TW99、GM1 可以计算出前身中子星 PSR J0740+6620 的质量。近来,Riley 等和 Miller 等分别精确计算了中子星 PSR J0030+0451 的质量和半径[28-29]。这可以作为判断上述三组耦合参数合理性的依据。Riley 等得到的结果是 $M=1.34^{0.15}_{-0.16}M_{\odot}$ 和 $R=12.71^{1.14}_{-1.19}$ km,Miller 等得到的结果是 $M=1.44^{0.15}_{-0.14}M_{\odot}$ 和 $R=13.02^{1.24}_{-1.06}$ km[28-29]。我们之前的计算结果表明,对应于同一质量,前身中子星的半径大于其相应的中子星半径[30]。因此由图 3.1-1 可知,当中子星的质量分别为 $1.34M_{\odot}$ 和 $1.44M_{\odot}$ 时,由核子耦合参数 DD-ME1、TW99、GM1 计算出的具有同一质量的前身中子星半径大于 Riley 等和 Miller 等计算出的半径。但是,根据核子耦合参数 GM1 计算出的半径最小,更接近 Riley 等和 Miller

等计算出的半径。因此，我们选择核子耦合参数 GM1 来描述前身中子星 PSR J0740+6620 的性质。

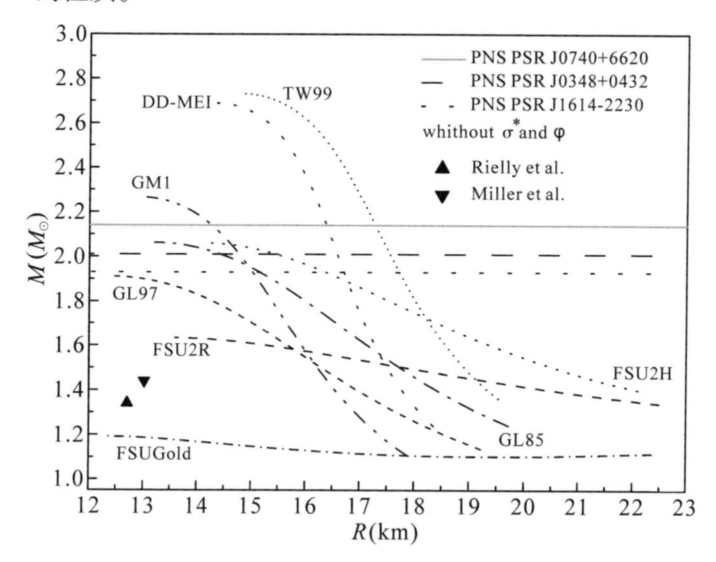

图 3.1-1　前身中子星的质量随半径的变化情况

注：前身中子星的温度取 $T=20$ MeV，此处，我们不考虑超子之间的相互作用。

3.1.2　前身中子星 PSR J0740+6620 的半径和中心重子密度

本研究计算得到的前身中子星 PSR J0740+6620 的性质见表 3.1-1，超子相互作用对前身中子星半径的影响如图 3.1-2 所示。前身中子星 PSR J0740+6620 的质量 $M=2.14M_{\odot}$，计算结果表明，在不考虑超子之间的相互作用时，计算得到的前身中子星 PSR J0740+6620 的半径为 14.262 km；在考虑了超子之间的相互作用时，计算得到的前身中子星 PSR J0740+6620 的半径减小为 14.243 km。

表 3.1-1　本研究计算得到的前身中子星 PSR J0740+6620 的性质

参数	单位	没有考虑介子 σ^*、φ 的作用	考虑了介子 σ^*、φ 的作用
R	km	14.262	14.243
ρ_c	fm^{-3}	0.571	0.578
$m^*_{N,c}$	MeV	873.464	872.996
$m^*_{\Lambda,c}$	MeV	602.228	571.297
$m^*_{\Sigma,c}$	MeV	816.690	786.755
$m^*_{\Xi,c}$	MeV	840.885	788.139

续表

参数	单位	没有考虑介子 σ*、φ 的作用	考虑了介子 σ*、φ 的作用
$\mu_{n,c}$	fm^{-1}	6.868	6.884
$\mu_{e,c}$	fm^{-1}	1.001	0.987
ε_c	$g\cdot cm^{-3}$	1.117×10^{15}	1.133×10^{15}
p_c	$dyne\cdot cm^{-2}$	2.529×10^{35}	2.561×10^{35}

注:前身中子星 PSR J0740+6620 的质量 $M=2.14M_{\odot}$。R、ρ_c、ε_c 和 p_c 分别为前身中子星 PSR J0740+6620 的半径、中心重子密度、中心能量密度和中心压强。$\mu_{n,c}$ 和 $\mu_{e,c}$ 分别表示中子 n 和电子 e 的中心化学势。$m^*_{N,c}$、$m^*_{\Lambda,c}$、$m^*_{\Sigma,c}$ 和 $m^*_{\Xi,c}$ 分别表示核子 N 和超子 Λ、Σ、Ξ 的中心有效质量。

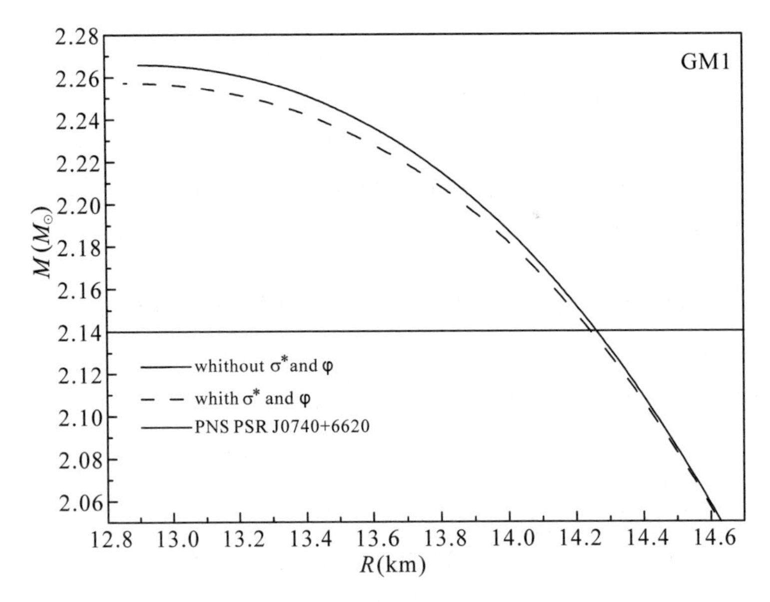

图 3.1-2　超子相互作用对前身中子星半径的影响

注:实曲线考虑了介子 σ*、φ 的作用,虚曲线没有考虑介子 σ*、φ 的作用。前身中子星的温度取 $T=20$ MeV,计算中采用了核子耦合参数 GM1。

超子之间的相互作用对中心重子密度有影响。由表 3.1-1 可知,在考虑了超子之间的相互作用时,前身中子星 PSR J0740+6620 的中心重子密度从 0.571 fm^{-3} 增大到 0.578 fm^{-3},增大了约 1.23%。

3.1.3　重子的有效质量及中子和电子的化学势

核子 N 和超子 Λ、Σ、Ξ 的有效质量随重子密度的变化情况如图 3.1-3 所示。

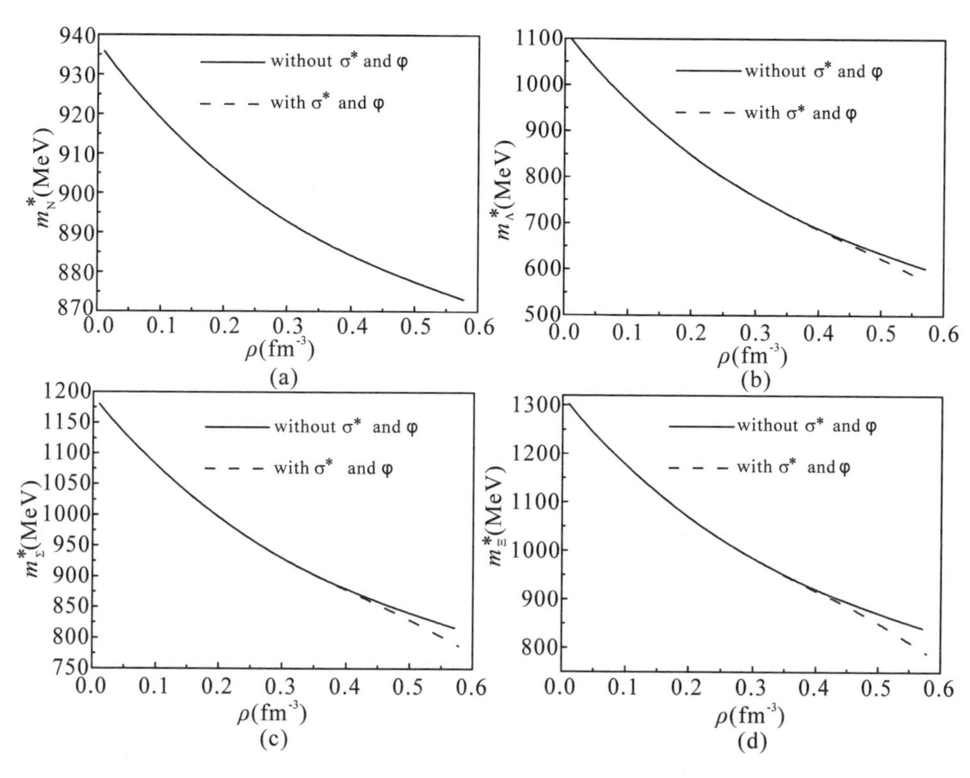

图 3.1-3 核子 N 和超子 Λ、Σ 和 Ξ 的有效质量随重子密度的变化情况

注:实曲线表示没有考虑超子之间相互作用的情况,虚曲线表示考虑了超子之间相互作用的情况。

由图 3.1-3 可知,核子 N 和超子 Λ、Σ、Ξ 的有效质量都随着重子密度的增大而增大。在考虑了超子之间的相互作用时,重子的有效质量减小,在前身中子星的核心处这种影响最大。然而,超子之间的相互作用对核子有效质量的影响很小。考虑了超子之间的相互作用,核子的中心有效质量从 873.464 MeV 减小到 872.996 MeV,减小了约 0.05%。超子之间的相互作用对超子 Λ、Σ、Ξ 的有效质量的影响较大。例如,对于超子 Ξ,考虑到超子之间的相互作用,中心有效质量从 840.885 MeV 减小到 788.139 MeV,减小了约 6.3%。

中子和电子的化学势随重子密度的变化情况 3.1-4 所示。由图 3.1-4 可知,中子和电子的化学势都随着重子密度的增大而增大。在考虑了超子之间的相互作用时,对应于同一重子密度,中子和电子的化学势都减小,但中子的化学势减小得较少。例如,当重子密度 ρ=0.56 fm^{-3} 时,考虑了超子之间的相互作用,中子的化学势 μ_n 由 6.807 fm^{-1} 减小到 6.789 fm^{-1},减小了约 0.26%。但是,电子的化学势 μ_e 从 0.999 fm^{-1} 减小到 0.987 fm^{-1},减小了约 1.20%。然而,由于前身中子星

PSR J0740+6620 质量 $M=2.14M_{\odot}$ 的约束，考虑了超子之间的相互作用，中子的中心化学势 $\mu_{n,c}$ 从 6.868 fm^{-1} 增加到 6.884 fm^{-1}，增大了约 0.23 %。电子的中心化学势 $\mu_{e,c}$ 由 1.001 fm^{-1} 减小到 0.987 fm^{-1}，减小了约 1.4%。

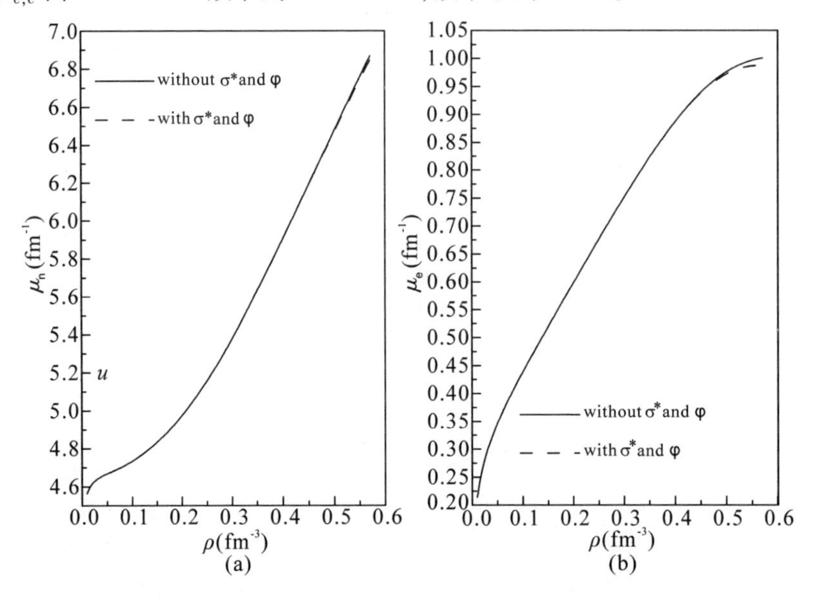

图 3.1-4　中子和电子的化学势随重子密度的变化情况

注：实曲线表示没有考虑超子之间相互作用的情况，虚曲线表示考虑了超子之间相互作用的情况。

3.1.4　前身中子星 PSR J0740+6620 的能量密度和压强

前身中子星的压强随能量密度的变化情况如图 3.1-5 所示。

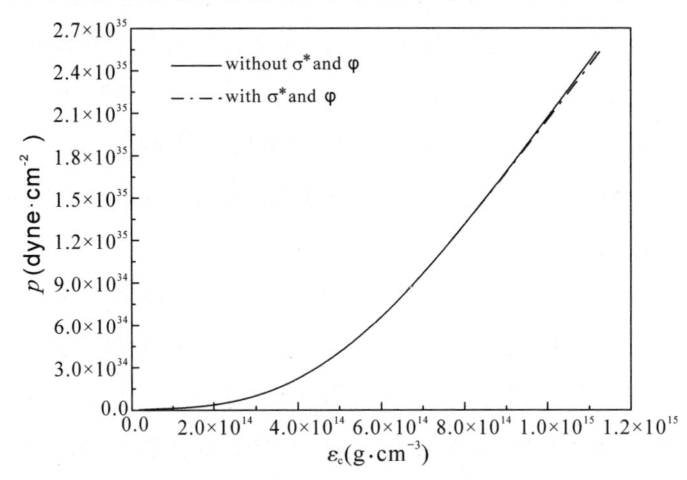

图 3.1-5　前身中子星的压强随能量密度的变化情况

注：实曲线表示没有考虑超子之间相互作用的情况，虚曲线表示考虑了超子之间相互作用的情况。

由图 3. 1-5 可知,前身中子星的压强随着能量密度的增加而增大。对应于同一能量密度,考虑了超子之间的相互作用,压强减小。例如,对于能量密度 $\varepsilon=7.84\times10^{14}\ \mathrm{g\cdot cm^{-3}}$、压强 $p=1.256\times10^{35}\ \mathrm{dyne\cdot cm^{-2}}$,考虑了超子之间的相互作用,压强将减小到 $1.254\times10^{35}\ \mathrm{dyne\cdot cm^{-2}}$,减少量很小。但是,在前身中子星 PSR J0740+6620 质量 $M=2.14M_\odot$的约束下,考虑了超子之间的相互作用,中心能量密度由 $1.117\times10^{15}\ \mathrm{g\cdot cm^{-3}}$ 增大到 $1.133\times10^{15}\ \mathrm{g\cdot cm^{-3}}$,增大了约 1. 4%;中心压强由 $2.529\times10^{35}\ \mathrm{dyne\cdot cm^{-2}}$ 增大到 $2.561\times10^{35}\ \mathrm{dyne\cdot cm^{-2}}$,增大了约 1. 3%。

3. 1. 5　前身中子星 PSR J0740+6620 的重子相对密度

前身中子星内重子相对密度随重子密度的变化情况如图 3. 1-6 所示。根据表 3. 1-1,在不考虑超子之间的相互作用时,中心重子密度为 0. 571 $\mathrm{fm^{-3}}$;在考虑了超子之间的相互作用时,中心重子密度增大为 0. 578 $\mathrm{fm^{-3}}$。这是由前身中子星 PSR J0740+6620 的质量 $M=2.14M_\odot$的约束所引起的。超子之间的相互作用影响到每个重子的相对密度。

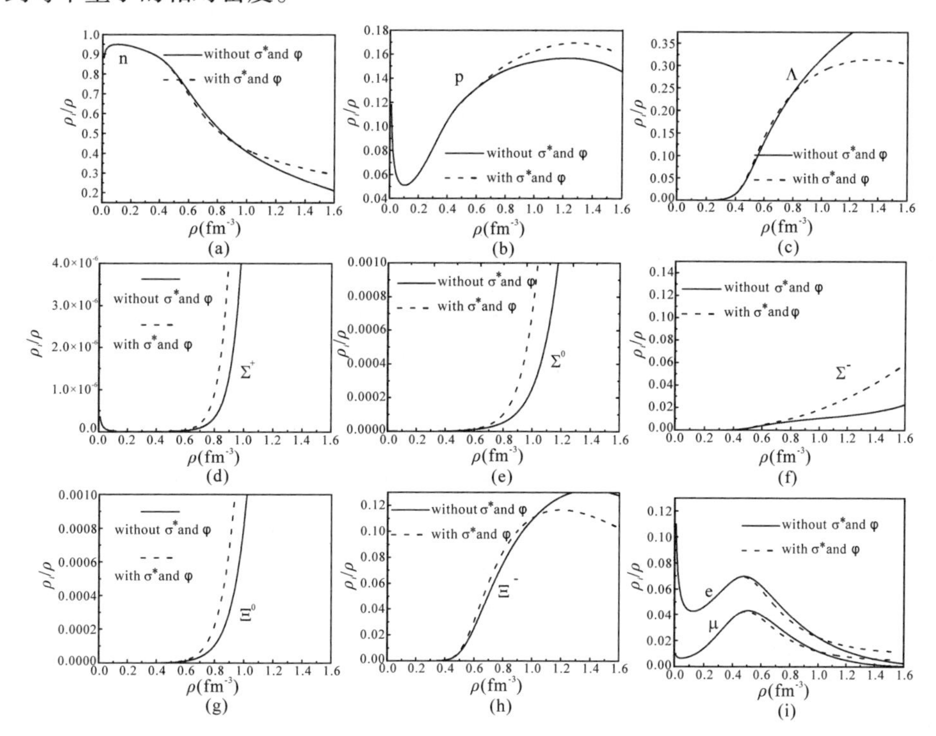

图 3. 1-6　前身中子星内重子相对密度随重子密度的变化情况

注:实曲线表示没有考虑超子之间相互作用的情况,虚曲线表示考虑了超子之间相互作用的情况。

由图 3.1-6 可知,在前身中子星 PSR J0740+6620(不考虑介子 σ^*、φ 的作用时,$\rho_c < 0.571\ \text{fm}^{-3}$;考虑了介子 σ^*、φ 的作用时,$\rho_c < 0.578\ \text{fm}^{-3}$)内,考虑了超子之间的相互作用,中子 n 的相对密度减小,而质子 p 和超子 Λ、Σ^+、Σ^0、Σ^-、Ξ^0、Ξ^- 的相对密度增大。这表明,在前身中子星中有更多的中子 n 被转换为质子 p 和超子 Λ、Σ^+、Σ^0、Σ^-、Ξ^0、Ξ^-。考虑超子之间的相互作用将有利于前身中子星内超子的产生。

在前身中子星 PSR J0740+6620 的中心,超子之间的相互作用对重子的相对密度影响最大。例如,在不考虑超子之间的相互作用时,超子 Σ^- 的中心相对密度($\rho_{\Sigma^-,c}/\rho$)为 0.30%。在考虑了超子之间的相互作用时,超子 Σ^- 的中心相对密度增加到 0.37%(见表 3.1-2),增大了约 23%。

表 3.1-2　本研究计算得到的前身中子星 PSR J0740+6620 的中心相对密度

参数	单位	没有考虑介子 σ^*、φ 的作用	考虑了介子 σ^*、φ 的作用
$\rho_{n,c}/\rho$	%	73.9	71.7
$\rho_{p,c}/\rho$	%	12.9	12.9
$\rho_{\Lambda,c}/\rho$	%	11.1	12.5
$\rho_{\Sigma^+,c}/\rho$	%	3×10^{-6}	4×10^{-6}
$\rho_{\Sigma^0,c}/\rho$	%	9×10^{-4}	0.001
$\rho_{\Sigma^-,c}/\rho$	%	0.30	0.37
$\rho_{\Xi^0,c}/\rho$	%	8×10^{-4}	0.001
$\rho_{\Xi^-,c}/\rho$	%	1.85	2.23
$\rho_{e,c}/\rho$	%	6.53	6.21
$\rho_{\mu,c}/\rho$	%	4.17	3.92

注:前身中子星 PSR J0740+6620 的质量 $M = 2.14M_\odot$。$\rho_{n,c}/\rho$、$\rho_{p,c}/\rho$、$\rho_{\Lambda,c}/\rho$、$\rho_{\Sigma^+,c}/\rho$、$\rho_{\Sigma^0,c}/\rho$、$\rho_{\Sigma^-,c}/\rho$、$\rho_{\Xi^0,c}/\rho$、$\rho_{\Xi^-,c}/\rho$、$\rho_{e,c}/\rho$ 和 $\rho_{\mu,c}/\rho$ 分别表示重子 p 和超子 Λ、Σ^+、Σ^0、Σ^-、Ξ^0、Ξ^- 及电子 e、谬子 μ 的中心相对密度。

3.1.6　总结

本小节利用相对论平均场理论,计算研究了超子之间的相互作用对前身中子星 PSR J0740+6620 性质的影响。核子耦合参数取 GM1,前身中子星的温度取

T=20 MeV。

前身中子星 PSR J0740+6620 的质量 $M=2.14M_{\odot}$,在考虑了超子之间的相互作用时,前身中子星的半径从 14.262 km 减少到 14.243 km,减少了约 0.13%;前身中子星 PSR J0740+6220 的中心重子密度从 0.571 fm^{-3} 增加到 0.778 fm^{-3}。

核子和超子 Λ、Σ、Ξ 的有效质量都随着重子密度的增加而增大。我们发现,前身中子星的中心超子之间的相互作用对有效质量的影响最大。在考虑了超子之间的相互作用时,对应于同一重子密度,中子和电子的化学势减小。在前身中子星 PSR J0740+6620 质量 $M=2.14M_{\odot}$的约束下,考虑了超子之间的相互作用,中子的中心化学势从 6.868 fm^{-1} 增大到 6.884 fm^{-1},而电子的中心化学势从 1.001 fm^{-1} 减少到 0.987 fm^{-1}。

在考虑了超子之间的相互作用时,对应于同一能量密度,前身中子星物质的压强减小。在前身中子星 PSR J0740+6620 质量 $M=2.14M_{\odot}$的约束下,考虑了超子之间的相互作用,中心能量密度由 1.117×10^{15} g · cm^{-3} 增加到 1.133×10^{15} g · cm^{-3},增加了约 1.4%;中心压强由 2.529×10^{35} dyne · cm^{-2} 增大到 2.561×10^{35} dyne · cm^{-2},增大了约 1.3%。

无论是否考虑超子之间的相互作用,重子 n、p、Λ、Σ^+、Σ^0、Σ^-、Ξ^0、Ξ^-都将在前身中子星 PSR J0740+6620 中产生。在考虑了超子之间的相互作用时,中子 n 的相对密度减小,而 p、Λ、Σ^+、Σ^0、Σ^-、Ξ^0、Ξ^-的相对密度增大。这表明将有更多的中子被转变为质子 p 和超子 Λ、Σ^+、Σ^0、Σ^-、Ξ^0、Ξ^-。超子之间的相互作用有利于前身中子星中超子的产生。在前身中子星 PSR J0740+6620 的中心,超子之间的相互作用对重子相对密度的影响最大。

3.2　超子相互作用对前身中子星 PSR J0740+6620 表面引力红移的影响

中子星由于质量很大、半径很小,因而密度极大[15]。研究表明,中子星的质量对其物理性质有约束作用。例如,中子星的质量会限制它内部的对称能[3]。有趣的是,中子星的某些性质还可以用暗物质来解释[1]。

每当新发现一个大质量中子星时,巨大的质量必然会对中子星物质的性质提出一些新的约束。为什么中子星 PSR J0740+6620 具有如此大的质量呢?这可以用 Degollado 等建立的引力-标量-张量理论来解释[31]。另外,中子星 PSR J0740+6620 的质量比较大,表明中子星物质的状态方程一定是足够硬的,它排除了一些太软的物态方程[10]。由于中子星 PSR J0740+6620 的质量比典型质量中子星(质量为 1.4$M_{\odot}$)的质量大得多,因此,它的密度也必然比典型质量中子星的密度大得多[32]。

中子星的质量半径比与它的表面引力红移密切相关。如果我们通过某种方法知道了中子星的质量半径比,我们就可以计算出它的表面引力红移,反之亦然。中子星的质量相对来说比较容易观测到。如果我们知道了中子星的表面引力红移和中子星的质量,那么我们就能计算出它的半径。可见,中子星的表面引力红移是描述中子星性质的一个非常重要的物理量[15]。

由于引力坍缩,在超新星爆炸的中心就形成了前身中子星,其温度可高达 30 MeV。前身中子星通过中微子辐射发射能量冷却而形成中子星。前身中子星的理论研究将有助于我们理解中子星的演化过程[11,33]。

前身中子星物质中核子之间的相互作用可以用介子 σ、ω、ρ 来描述。超子之间的相互作用,则可以用介子 $f_0(975)$(记为 σ^*)和 $\varphi(1020)$(记为 φ)来描述。那么,超子之间的相互作用对前身中子星物质的性质,尤其是对前身中子星表面引力红移有什么影响[2,13],就成了我们很感兴趣的研究内容。

本小节利用相对论平均场理论,计算研究了介子 σ^*、φ 对前身中子星 PSR J0740+6620 表面引力红移的影响。

3.2.1 计算理论和参数选取

前身中子星物质的相对论平均场理论见 1.1 节,前身中子星表面引力红移的计算公式见 1.4 节。

本工作中,为了计算研究前身中子星的表面引力红移,我们选取了 8 组核子耦合参数,分别为 DD-ME1[14]、GL85[12]、GL97[15]、TW99[14]、GM1[16]、FSUGold[17]、FSU2R[18]、FSU2H[18]。在前身中子星的形成初期,其温度可高达 30 MeV。因此,我们取前身中子星 PSR J0740+6620 的温度 T=20 MeV[11]。

超子耦合参数与核子耦合参数的比 $x_{\sigma h}$、$x_{\omega h}$ 和 $x_{\rho h}$ 分别由式(2.1-1)、式(2.1-2)和式(2.1-3)来定义,其取值范围由研究结果可知在 1/3~1 之间[16]。$x_{\rho h}$ 的值由夸克结构 SU(6)对称性选择得到。计算结果表明,$x_{\sigma h}$ 和 $x_{\omega h}$ 越大,计算得到的前身中子星的最大质量也越大[23]。因此,为了获得尽可能大的前身中子星的最大质量,我们必须选择尽可能大的超子耦合参数 $x_{\omega h}$。由此我们选择 $x_{\omega h}$=

0.9，而参数 $x_{\sigma h}$ 由拟合超子在饱和核物质中的势阱深度计算式［见式(2.1-4)］计算得到。

根据重离子碰撞的最新实验结果，本研究中超子 Λ、Σ、Ξ 在饱和核物质中的势阱深度分别取 $U_{\Lambda}^{(N)}=-30$ MeV[22,24-25]、$U_{\Sigma}^{(N)}=30$ MeV[22,24-26]、$U_{\Xi}^{(N)}=-14$ MeV[27]。介子 σ*、φ 与超子之间的耦合参数的选取参考式(2.1-5)、式(2.1-6)和式(2.1-7)。

在不考虑介子 σ*、φ 作用的情况下，我们使用上述 8 组核子耦合参数计算前身中子星的质量和半径。结果发现，只有核子耦合参数 DD-ME1、TW99、GM1 计算得到的前身中子星的最大质量大于前身中子星 PSR J0740+6620 的观测质量。但是，只有核子耦合参数 GM1 计算出的前身中子星的质量和半径分别与 Fonsec 等计算得到的前身中子星 PSR J0740+6620 的质量($M=2.08_{-0.07}^{0.07}M_{\odot}$)[34]、Miller 等计算得到的该星体的半径($R=13.7_{-1.5}^{2.6}$ km)[35]的结果较为一致。因此，接下来我们使用核子耦合参数 GM1 来计算研究介子 σ*、φ 对前身中子星 PSR J0740+6620 表面引力红移的影响。

前身中子星的质量和最大质量随半径的变化情况如图 3.2-1 所示。

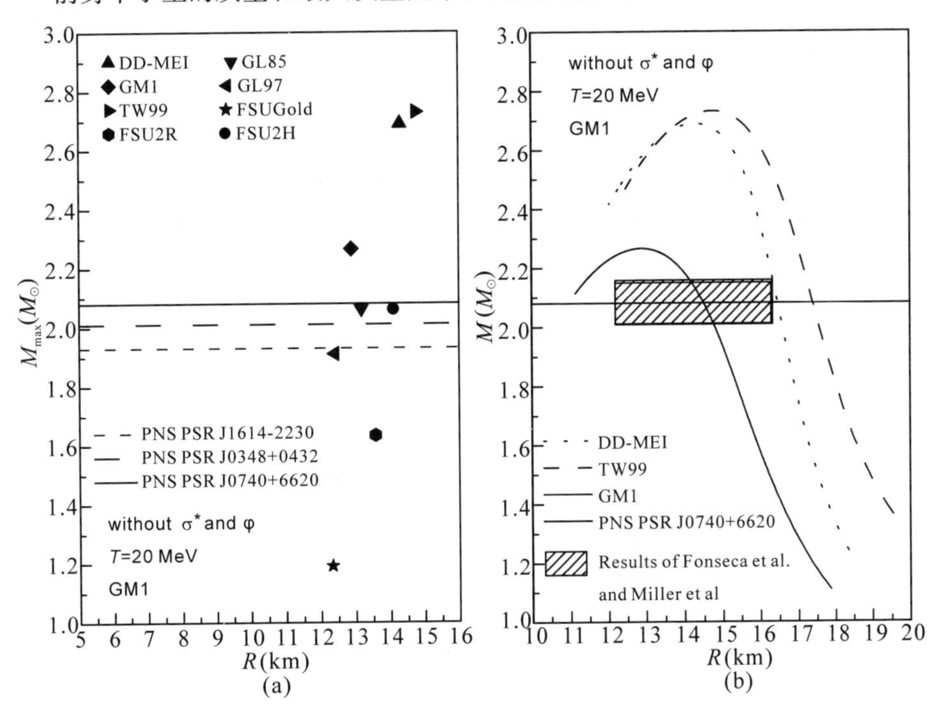

图 3.2-1　前身中子星的质量和最大质量随半径的变化情况

注：计算中没有考虑介子 σ*、φ 的作用。前身中子星的温度取 $T=20$ MeV。

3.2.2 前身中子星 PSR J0740+6620 的能量密度和压强

前身中子星的能量密度随压强的变化情况如图 3.2-2 所示。

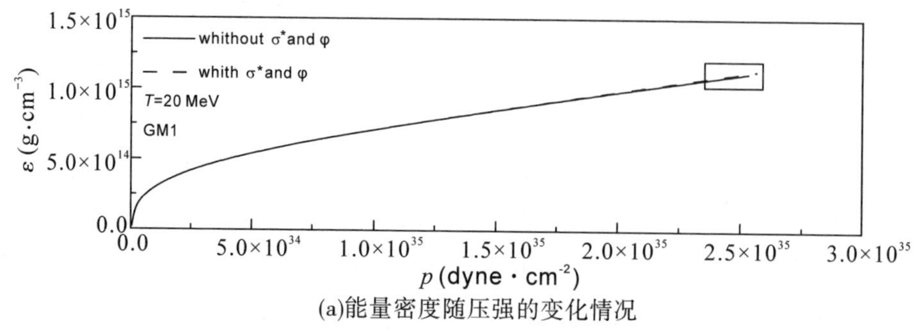

(a)能量密度随压强的变化情况

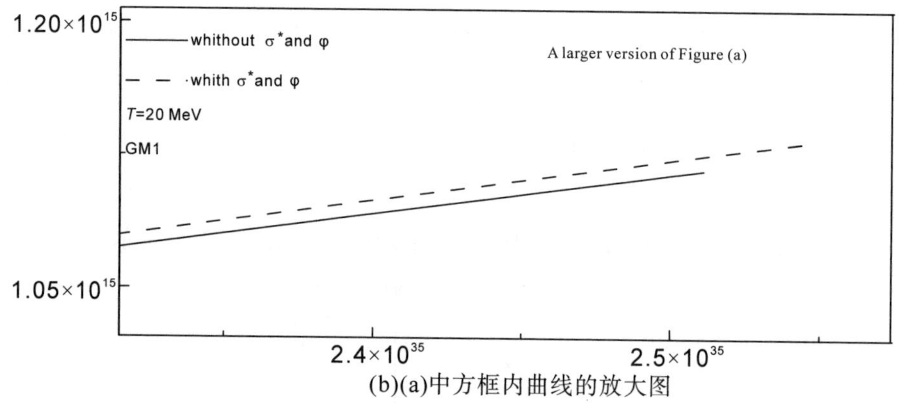

(b)(a)中方框内曲线的放大图

图 3.2-2 前身中子星的能量密度随压强的变化情况

注:前身中子星的温度取 $T=20$ MeV。实曲线没有考虑介子 σ^*、φ 的作用,虚曲线考虑了介子 σ^*、φ 的作用。这两条曲线分别在前身中子星 PSR J0740+6620 中心能量密度(ε_c)和中心压强(p_c)处结束。

由图 3.2-2 可知,前身中子星 PSR J0740+6620 的能量密度随着压强的增大而增大。相对于同一压强,在考虑了介子 σ^*、φ 的作用时,能量密度增大。在质量 $M=2.08M_\odot$ 的约束下,没有考虑介子 σ^*、φ 的作用时,前身中子星 PSR J0740+6620 的中心能量密度从 1.013×10^{15} g · cm^{-3} 增大到 1.022×10^{15} g · cm^{-3}(见表 3.2-1),增加了约 0.89%;前身中子星 PSR J0740+6620 的中心压强从 2.118×10^{35} dyne · cm^{-2} 增大到 2.134×10^{35} dyne · cm^{-2},增加了约 0.76%。

表 3.2-1 本研究计算得到的前身中子星 PSR J0740+6620 的性质

参数	单位	没有考虑介子 σ*、φ 的作用	考虑了介子 σ*、φ 的作用	参量变化的百分比
ε_c	$g\cdot cm^{-3}$	1.013×10^{15}	1.022×10^{15}	0.89%
p_c	$dyne\cdot cm^{-2}$	2.118×10^{35}	2.134×10^{35}	0.76%
M/R	$M_{\odot}/km$	0.14327	0.14338	0.08%
R	km	14.518	14.507	-0.08%
z		0.31663	0.31718	0.17%

注：前身中子星 PSR J0740+6620 的质量取 $M=2.08M_{\odot}$。ε_c、p_c、R、M/R 和 z 分别表示前身中子星 PSR J0740+6620 的中心能量密度、中心压强、半径、质量半径比和表面引力红移。

3.2.3 前身中子星 PSR J0740+6620 的半径和表面引力红移

前身中子星的质量和半径随中心能量密度的变化关系如图 3.2-3 所示。

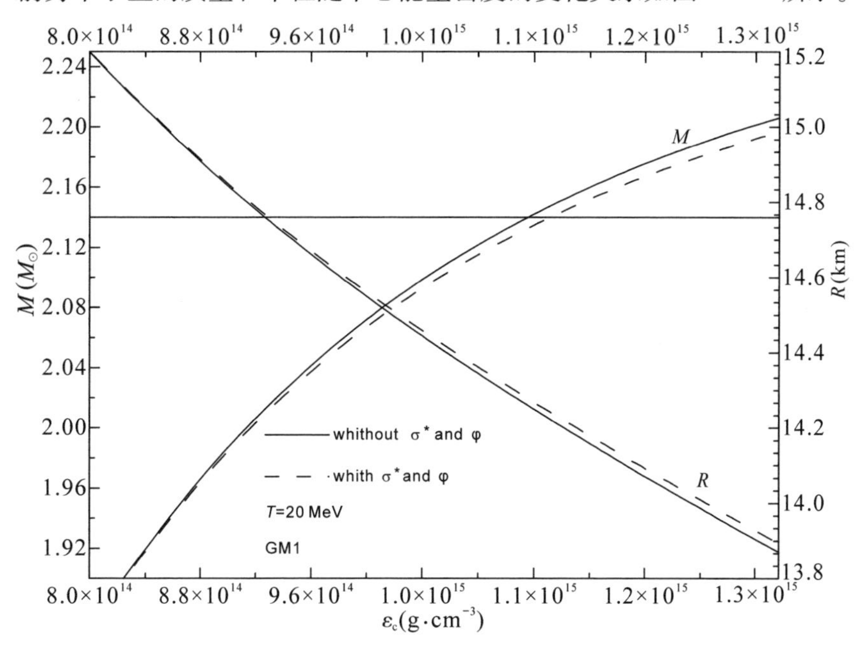

图 3.2-3 前身中子星的质量和半径随中心能量密度的变化关系

注：前身中子星的温度取 $T=20$ MeV。实曲线表示没有考虑介子 σ*、φ 作用的情况，虚曲线表示考虑了介子 σ*、φ 作用的情况。

由图 3.2-3 可知，前身中子星的质量随着中心能量密度的增加而增大，半径则随着中心能量密度的增加而减小。相对于同一中心能量密度，在考虑了介子 σ*、φ 的作用时，前身中子星的质量减小，而半径增大。在质量 $M=2.08M_{\odot}$ 的约束下,在考虑了介子 σ^*、φ 的作用时,前身中子星 PSR J0740+6620 的半径从 14.518 km 减少到 14.507 km,减小了约 0.08%(见表 3.2-1)。

前身中子星 PSR J0740+6620 的质量半径比和表面引力红移随中心能量密度的变化情况如图 3.2-4 所示。

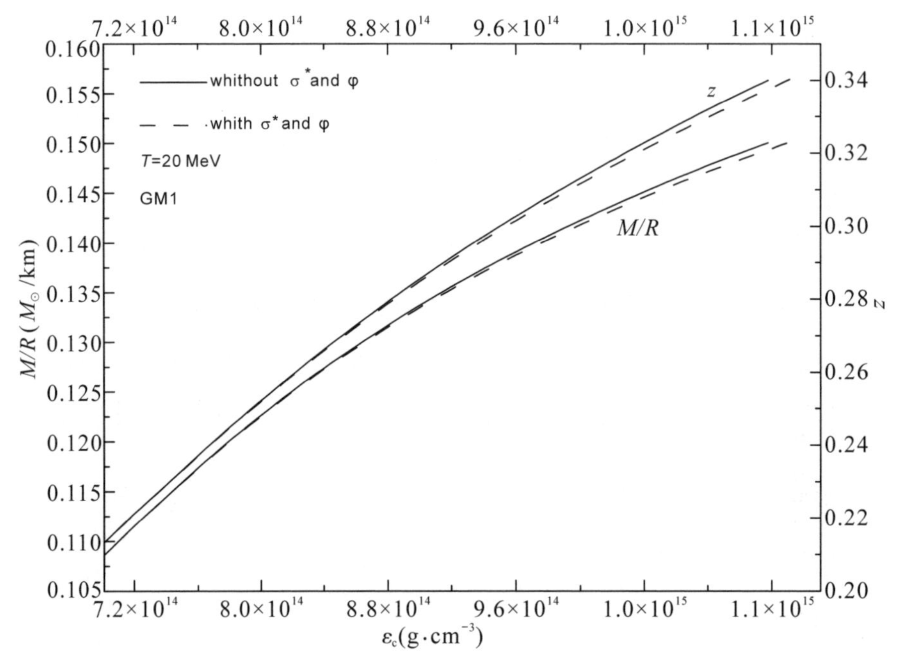

图 3.2-4 前身中子星 PSR J0740+6620 的质量半径比和表面引力红移随中心能量密度的变化情况

注:前身中子星的温度取 $T=20$ MeV。这两条曲线分别在前身中子星 PSR J0740+6620 的中心能量密度(ε_c)和中心压强(p_c)处结束。

由图 3.2-4 可知,前身中子星的质量半径比和表面引力红移都随着中心能量密度的增加而增大。相对于同一中心能量密度,前身中子星的质量半径比和表面引力红移在考虑了介子 σ^*、φ 的作用时都减小了。从图 3.2-4 和表 3.2-1 还可以看到,在质量 $M=2.08M_\odot$ 的约束下,在考虑了介子 σ^*、φ 的作用时,前身中子星 PSR J0470+6620 的质量半径比从 $0.14327M_\odot$/km 增加到 $0.14338M_\odot$/km,增大了约 0.08%;前身中子星 PSR J0470+6620 的表面引力红移从 0.31663 增大到 0.31718,增大了约 0.17%。

前身中子星 PSR J0740+6620 的表面引力红移随半径、质量、质量半径比的变化情况如图 3.2-5~图 3.2-7 所示。

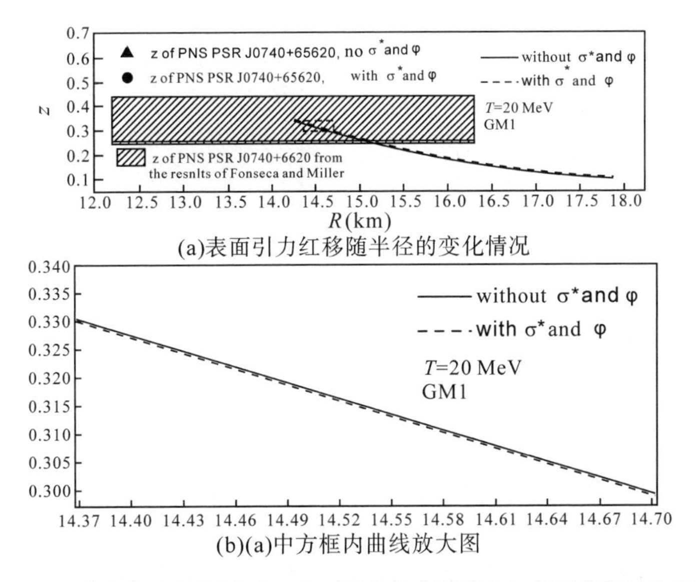

(a)表面引力红移随半径的变化情况

(b)(a)中方框内曲线放大图

图 3.2-5 前身中子星 PSR J0740+6620 的表面引力红移随半径的变化情况

注:前身中子星的温度取 $T=20$ MeV。实曲线表示没有考虑介子 σ^*、φ 作用的情况,虚曲线表示考虑了介子 σ^*、φ 作用的情况。这两条曲线都终止于前身中子星 PSR J0740+6620 的半径(R)。

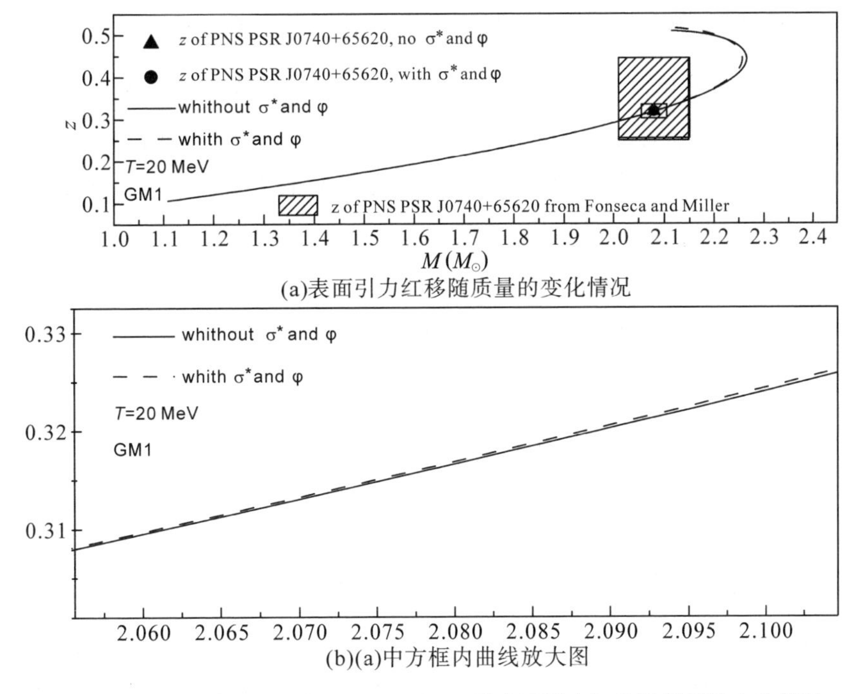

(a)表面引力红移随质量的变化情况

(b)(a)中方框内曲线放大图

图 3.2-6 前身中子星 PSR J0740+6620 的表面引力红移随质量的变化情况

注:前身中子星的温度取 $T=20$ MeV。实曲线表示没有考虑介子 σ^*、φ 作用的情况,虚曲线表示考虑了介子 σ^*、φ 作用的情况。

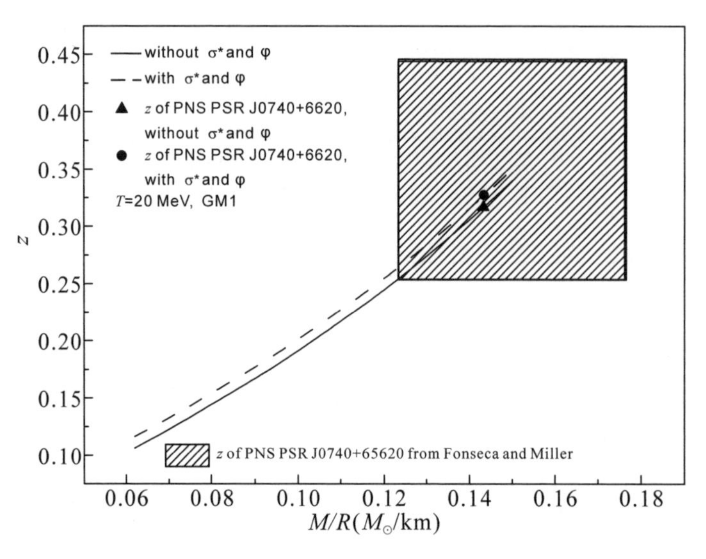

图 3.2-7 前身中子星 PSR J0740+6620 的表面引力红移随质量半径比的变化情况

注:前身中子星的温度取 $T=20$ MeV。实曲线表示没有考虑介子 σ^*、φ 作用的情况,虚曲线表示考虑了介子 σ^*、φ 作用的情况。曲线以前身中子星 PSR J0740+6620 的质量半径比(M/R)结束。为了将考虑了介子 σ^*、φ 作用的曲线与没有考虑介子 σ^*、φ 的作用的曲线区分开,我们将 $z=0.01$ 加到考虑了介子 σ^*、φ 作用的曲线上,即 $z\to z+0.01$。

由图 3.2-5 可知,在考虑了介子 σ^*、φ 的作用时,相对于同一半径,前身中子星的表面引力红移减小了;相对于同一质量,前身中子星的表面引力红移增大了(见图 3.2-6);相对于同一质量半径比,前身中子星的表面引力红移没有变化[见图 3.2-7,或者通过式(1.4-20)得知]。

此外,在质量 $M=2.08M_{\odot}$ 的约束下,前身中子星 PSR J0740+6620 的半径将减小,而前身中子星 PSRJ0740+6220 的质量半径比和表面引力红移将增大(见图 3.2-5~图 3.2-7 和表 3.2-1)。

采用 Fonseca 等得到的前身中子星 PSR J0740+6620 的质量和 Miller 等得到的半径,我们计算了前身中子星 PSR J0740+6620 的质量半径比为 $0.1233M_{\odot}/\text{km}<M/R<0.1762M_{\odot}/\text{km}$,表面引力红移为 $0.2541<z<0.4440$(参见图 3.2-7 中的阴影框)。可以看到,我们的计算结果与观测值非常吻合。

上述结果适用于球对称静态中子星。对于旋转的中子星,中子星变为轴对称的,其最大质量增加约 20%。旋转中子星的引力红移情况比静态的中子星稍微复杂一点,原因是它是轴对称的,这里我们需要考虑极性红移(z_P)、向后方向的赤道红移(z_b)和向前方向的四阶红移(z_f)[36]。

3.2.4 总结

我们在考虑重子八重态的情况下,利用相对论平均场理论计算研究了介子 σ^*、φ 对前身中子星 PSR J0740+6620 表面引力红移的影响。这里,我们使用了 8 组核子耦合参数 GL85、GL97、GM1、DD-ME1、TW99、FSUGold、FSU2R、FSU2H 来计算前身中子星的质量、半径、表面引力红移等。此处,前身中子星的温度取 $T=20$ MeV。计算发现,由 GM1 给出的前身中子星的质量和半径分别与 Fonsec 等和 Miller 等的计算结果较为一致。因此,我们使用核子耦合参数 GM1 来计算研究介子 σ^*、φ 对前身中子星 PSR J0740+6620 表面引力红移的影响。

计算发现,前身中子星的能量密度随着压强的增加而增大。前身中子星的半径随着能量密度的增大而减小,质量、质量半径比和表面引力红移随着中心能量密度的增大而增大。

在考虑了介子 σ^*、φ 的作用时,相对于同一能量密度,压强增大。相对于同一中心能量密度,在考虑了 σ^*、φ 的作用时,前身中子星的半径增大,质量、质量半径比和表面引力红移都减小。

在质量 $M=2.08M_{\odot}$ 的约束下,在考虑了介子 σ^*、φ 的作用时,前身中子星 PSR J0740+6620 的半径从 14.518 km 减小到 14.507 km,减小了约 0.08%;中心能量密度从 1.013×10^{15} g · cm^{-3} 增大到 1.022×10^{15} g · cm^{-3},增大了约 0.89%;中心压强从 2.118×10^{35} dyne · cm^{-2} 增大到 2.134×10^{35} dyne · cm^{-2},增大了约 0.76%;质量半径比从 $0.14327M_{\odot}$/km 增大到 $0.14338M_{\odot}$/km,增大了约 0.08%;表面引力红移从 0.31663 增大到 0.31718,增大了约 0.17%。

在考虑了介子 σ^*、φ 的作用时,相对于同一半径,前身中子星的表面引力红移减小;相对于同一质量,前身中子星的表面引力红移增大;相对于同一质量半径比,前身中子星的表面引力红移不变。

无论是否考虑介子 σ^*、φ 的作用,前身中子星的半径和表面引力红移都略有变化。但这些变化太小,无法从天文观测中观测到。

3.3 超子相互作用对前身中子星 PSR J0740+6620 转动惯量的影响

中子星具有很大的质量,这将对其性质有所约束[1-3]。由于中子星质量较大,因此,在计算中子星转动惯量的时候我们必须考虑广义相对论效应[37-38]。

每一颗大质量中子星的发现[4-6]都将提高我们对中子星结构和性质的认识。

2020 年,迄今质量最大的中子星 PSR J0740+6620 被观测到,其质量被确定为 $M=2.14_{-0.09}^{0.10}M_{\odot}$[7],然后在 2021 年其质量又被精确测定为 $M=2.08_{-0.07}^{0.07}M_{\odot}$[35]。

中子星 PSR J0740+6620 的质量可以用标量-张量的引力理论来解释[31]。该中子星的大质量排除了中子星物质的一些太软的状态方程[10]。我们可以推知,大质量中子星 PSR J0740+6620 内部的密度一定比质量为 $1.4M_{\odot}$的典型中子星内部的密度大得多。

中子星具有很高的转速,转动惯量是描述其转动特性一个非常重要的物理量。严格来说,中子星应该是轴对称的。中子星的质量、半径甚至转动惯量都随旋转频率的变化而变化。当中子星的旋转频率低于 200 Hz 时,球对称静态模型可以被认为是中子星的精确表示[39-40]。但是截至目前,关于前身中子星 PSR J0740+6620 转动惯量的理论研究还相对较少。

我们可以利用核物质强子模型来描述前身中子星。其中,前身中子星物质中核子之间的相互作用通过交换介子 σ、ω、ρ 来描述[12],超子之间的相互作用通过交换介子 $f_0(975)$(简记为 σ^*)和 $\varphi(1020)$(简记为 φ)来描述[13]。超子之间的相互作用必会对前身中子星的半径、能量密度和转动惯量等物理量产生一定影响。

本小节考虑到重子八重态,利用相对论平均场理论计算研究了超子之间的相互作用对前身中子星 PSR J0740+6620 转动惯量的影响。

3.3.1 计算理论和参数选取

前身中子星的相对论平均场理论的细节见 1.1 节,前身中子星转动惯量的计算公式见 1.3 节。

核子耦合参数会影响前身中子星的性质[41]。本小节利用如下 8 组核子耦合参数来计算前身中子星性质:DD-ME1[14]、GL85[12]、GL97[15]、TW99[14]、GM1[16]、FSUGold[17]、FSU2R[18]、FSU2H[18]。其中核子耦合参数 GL85 和 GL97 可由饱和核物质的性质通过公式直接计算出来[12,15];核子耦合参数 GM1 给出的物态方程是比较硬的,可以给出较大的中子星质量[16];核子耦合参数 DD-ME1[14]和 TW99[14]描述了密度依赖的介子交换耦合;核子耦合参数 FSUGold 是一个精确校准的相对论参数[17];核子耦合参数 FSU2R 和 FSU2H 既适用于描述核子和超子的相互作用,也适用于描述中子星的物态方程[18]。因此,我们选取上述几组核子耦合参数,从多角度描述中子星物质的性质。中子星 PSR J0740+6620 的质量和半

径的精确测量值 $M=2.08^{0.07}_{-0.07}M_{\odot}$[34] 和 $R=13.7^{2.6}_{-1.5}$ km[35]。这可以作为合理地选择核子耦合参数的判据。

超子耦合参数与核子耦合参数的比值 $x_{\sigma h}$、$x_{\omega h}$ 和 $x_{\rho h}$ 由式(2.1-1)、式(2.1-2)和式(2.1-3)来定义，*Glendenning* 的计算结果表明，这些耦合参数比值的取值范围在 1/3~1 之间[16]。

我们根据夸克结构的 SU(6)对称性来选择耦合参数的比值 $x_{\rho h}$[21-22]。我们之前的计算结果表明，前身中子星的最大质量随 $x_{\sigma h}$ 和 $x_{\omega h}$ 的增加而增大[23]。为了获得尽可能大的前身中子星的最大质量，我们应该取尽可能大的 $x_{\omega h}$。这里，我们选择的参数比值 $x_{\omega h}=0.9$，而比值 $x_{\sigma h}$ 由式(2.1-4)计算得到。根据重离子碰撞的最新实验数据，超子在饱和核物质中的势阱深度可分别取 $U_{\Lambda}^{(N)}=-30$ MeV[22,24-25]、$U_{\Sigma}^{(N)}=30$ MeV[22,24-26]、$U_{\Xi}^{(N)}=-14$ MeV[27]。

介子 σ^*、φ 与超子之间的耦合参数的选取参考式(2.1-5)、式(2.1-6)和式(2.1-7)。前身中子星 PSR J0740+6620 的温度取 $T=20$ MeV[11]。

前身中子星的半径随质量的变化情况如图 3.3-1 所示。这里使用了 8 组核子耦合参数，没有考虑超子之间的相互作用。三条粗竖线分别代表前身中子星 PSR J1614-2230、PSR J0348+0432 和 PSR J0740+6620 的质量。

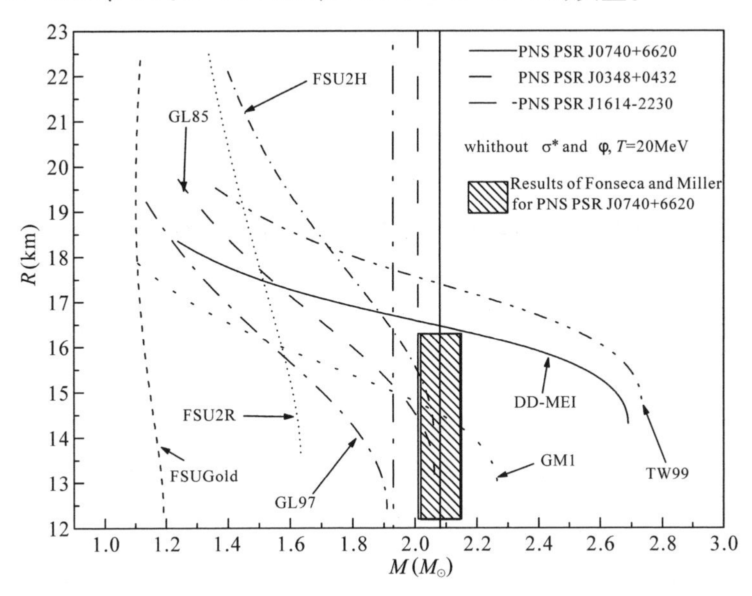

图 3.3-1　前身中子星的半径随质量的变化情况

注：这里使用了 8 组核子耦合参数，没有考虑超子之间的相互作用。三条粗竖线分别代表前身中子星 PSR J1614-2230、PSR J0348+0432 和 PSR J0740+6620 的质量。

我们看到,只有核子耦合参数 DD-ME1、TW99、GM1 可以计算出前身中子星 PSR J0740+6620 的质量,而核子耦合参数 GM1 给出的质量和半径与 Fonseca 等和 Miller 等计算出的结果最为一致[34-35]。因此,在这项工作中,我们使用核子耦合参数 GM1 来计算研究介子 σ^*、φ 对前身中子星 PSR J0740+6620 转动惯量的影响。

3.3.2 前身中子星 PSR J0740+6620 的中心重子密度、中心能量密度和中心压强

前身中子星的压强随能量密度的变化情况如图 3.3-2 所示。

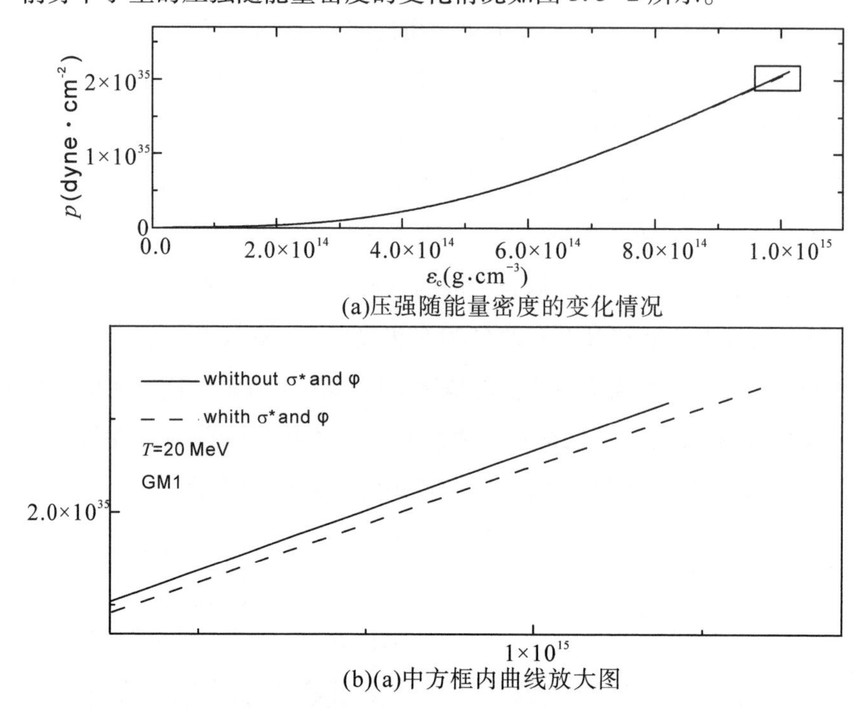

(a)压强随能量密度的变化情况

(b)(a)中方框内曲线放大图

图 3.3-2 前身中子星的压强随能量密度的变化情况

注:核子耦合参数取 GM1,前身中子星的温度取 $T=20$ MeV。实曲线表示没有考虑超子之间相互作用的情况,虚曲线表示考虑了超子之间相互作用的情况。每条曲线都终止于其中心能量密度(ε_c)。

由图 3.3-2 可知,前身中子星的压强随着能量密度的增加而增大。相对于同一能量密度,在考虑了超子之间相互作用的情况下,压强减小了。这表明,考虑了超子之间的相互作用,前身中子星物质的物态方程变软了。

由表 3.3-1 可知,超子之间的相互作用对前身中子星的中心重子密度有影响。在质量 $M=2.08M_{\odot}$的约束下,考虑了超子之间的相互作用,前身中子星 PSR J0740+6620 的中心重子密度从 0.528 fm^{-3} 增大到 0.532 fm^{-3},增大了约 0.76%。

表 3. 3-1　本工作计算得到的前身中子星 PSR J0740+6620 的性质

参数	R(km)	ρ_c(fm^{-3})	ε_c($g\cdot cm^{-3}$)	p_c($dyne\cdot cm^{-2}$)	I($g\cdot cm^2$)
没有考虑介子 σ^*、φ 的情况	14. 518	0. 528	1.013×10^{15}	2.118×10^{35}	2.460×10^{45}
考虑了介子 σ^*、φ 的情况	14. 507	0. 532	1.022×10^{15}	2.134×10^{35}	2.448×10^{45}
增大率	−0. 08%	0. 76%	0. 89%	0. 76%	−0. 49%

注：前身中子星 PSR J0740+6620 的质量 $M=2.08M_\odot$。R、ρ_c、ε_c、p_c 和 I 分别表示前身中子星 PSR J0740+6620 的半径、中心重子密度、中心能量密度、中心压强和转动惯量。

由图 3. 3-2 和表 3. 3-1 还可知，在质量 $M=2.08M_\odot$的约束下，考虑了超子之间的相互作用，前身中子星 PSR J0740+6620 的中心能量密度从 1.013×10^{15} $g\cdot cm^{-3}$ 增大到 1.022×10^{15} $g\cdot cm^{-3}$，增加了约 0. 89%；中心压强从 2.118×10^{35} $dyne\cdot cm^{-2}$ 增加到 2.134×10^{35} $dyne\cdot cm^{-2}$，增大了约 0. 76%。

3. 3. 3　前身中子星 PSR J0740+6620 的半径和转动惯量

前身中子星的质量和半径随中心能量密度的变化情况如图 3. 3-3 所示。

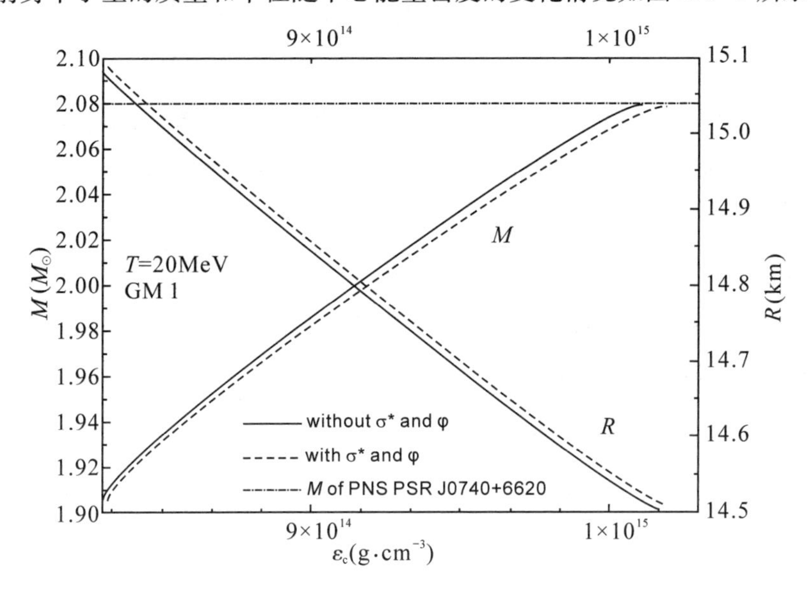

图 3. 3-3　前身中子星的质量和半径随中心能量密度的变化情况

注：实曲线表示没有考虑超子之间相互作用的情况，虚曲线表示考虑了超子之间相互作用的情况。

由图 3. 3-3 可知，前身中子星的质量随着中心能量密度的增大而增大，而前身中子星的半径随着中心能量密度的增大而减少。相对于同一中心能量密度，在考虑了超子之间的相互作用时，前身中子星的质量减小，而前身中子星的半径增大。在前身中子星 PSR J0740+6620 的质量 $M=2.08M_{\odot}$ 的约束下，考虑了超子之间的相互作用，前身中子星 PSR J0740+6620 的半径从 14.518 km 减小到 14.507 km，减小了约 0.08%。

前身中子星的质量和转动惯量随中心能量密度的变化情况如图 3.3-4 所示。

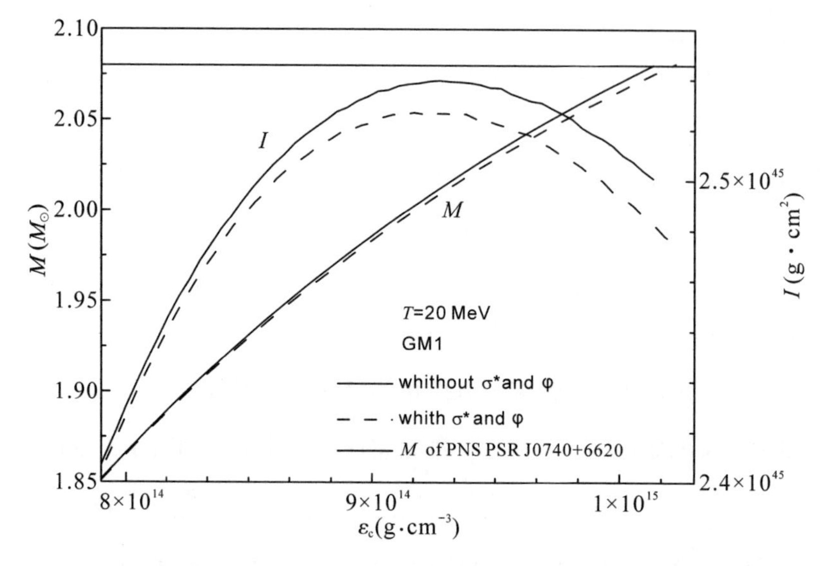

图 3.3-4 前身中子星的质量和转动惯量随中心能量密度的变化情况

注：实曲线表示没有考虑超子之间相互作用的情况，虚曲线表示考虑了超子之间相互作用的情况。

我们看到，前身中子星的转动惯量先随着中心能量密度的增大而增大，在达到最大值后，又随着中心能量密度的增大而减小。相对于同一中心能量密度，在考虑了超子之间的相互作用时，前身中子星的转动惯量减小了。在前身中子星 PSR J0740+6620 的质量 $M=2.08M_{\odot}$ 的约束下，考虑了超子之间的相互作用，前身中子星 PSR J0740+6620 的转动惯量从 2.460×10^{45} g · cm^2 减小到 2.448×10^{45} g · cm^2，减小了约 0.49%。

前身中子星的转动惯量随质量的变化情况如图 3.3-5 所示，前身中子星的转动惯量先随着质量的增大而增大，达到最大值之后，则随着质量的增大而减小。前身中子星的转动惯量随半径的变化也有类似的规律。前身中子星的转动惯量随半径的变化情况如图 3.3-6 所示，前身中子星的转动惯量先随着半径的增大而增大，达到最大值后，随着半径的增大而减小。

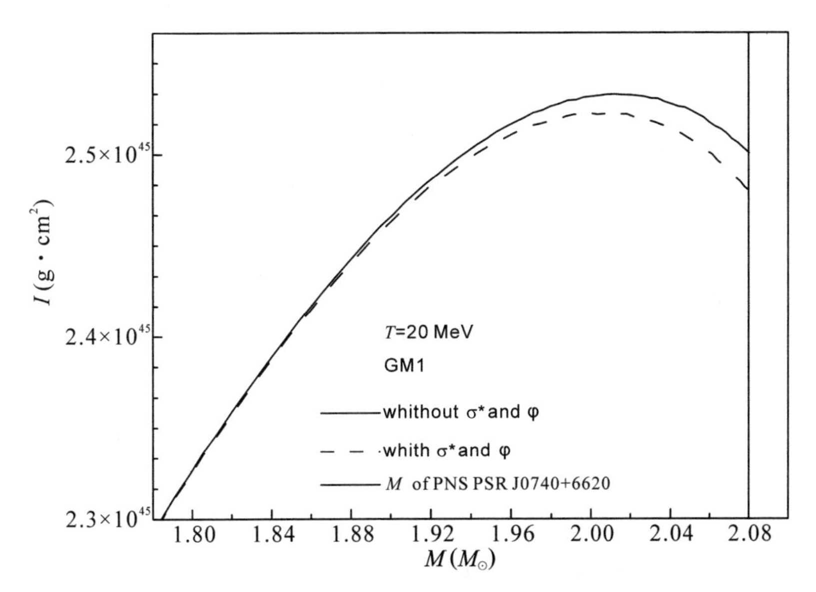

图 3. 3-5　前身中子星的转动惯量随质量的变化情况

注:实曲线表示没有考虑超子之间相互作用的情况,虚曲线表示考虑了超子之间相互作用的情况。

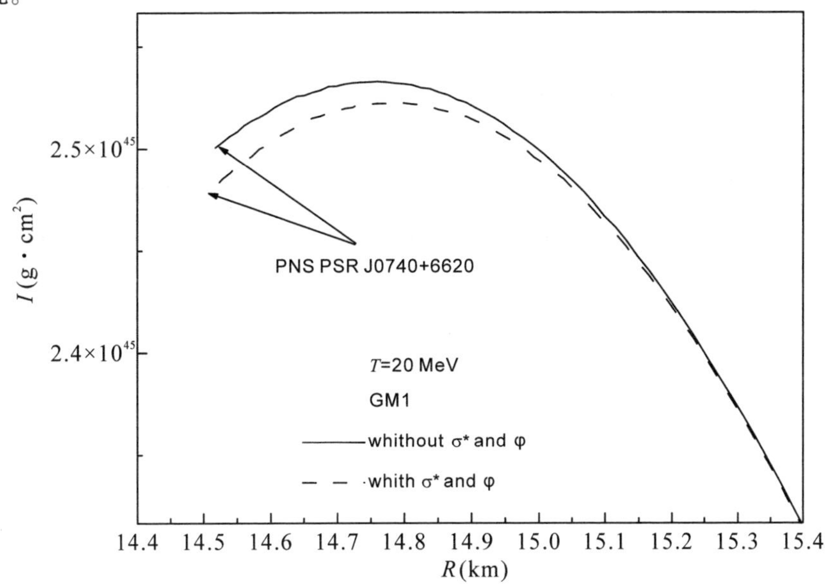

图 3. 3-6　前身中子星的转动惯量随半径的变化情况

注:实曲线表示没有考虑超子之间相互作用的情况,虚曲线表示考虑了超子之间相互作用的情况。

由图 3. 3-5 和图 3. 3-6 可知,前身中子星的转动惯量随着质量或半径的变化曲线各有一个峰值。考虑到超子之间的相互作用后,该峰值所表示的转动惯量减小了。

核子和超子的相对密度与重子密度的关系如图 3. 3-7 所示,在考虑了超子之间的相互作用时,核子的相对密度降低了,而超子的相对密度增大了。前身中子星内超子丰度的增加会软化物态方程(见图 3. 3-2),而这将会相应地改变前身中子星的质量和半径,从而进一步影响到转动惯量。

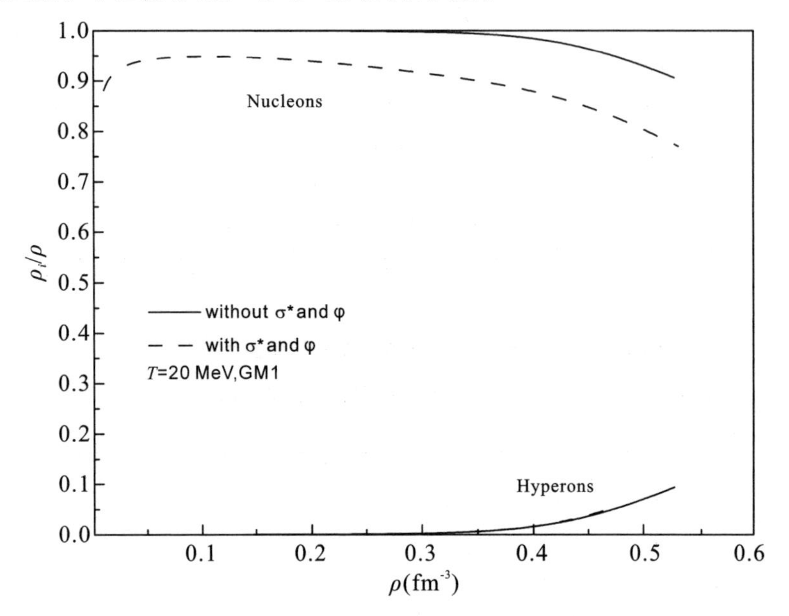

图 3. 3-7　核子和超子的相对密度与重子密度的关系

注:实曲线表示没有考虑超子之间相互作用的情况,虚曲线表示考虑了超子之间相互作用的情况。

3. 3. 4　总结

本小节利用相对论平均场理论,考虑重子八重态,计算研究了超子相互作用对前身中子星 PSR J0740+6620 转动惯量的影响。核子耦合参数取 GM1,前身中子星的温度取 $T=20$ MeV。

相对于同一能量密度,在考虑了超子之间的相互作用时,前身中子星的压强减小了。这表明考虑了超子之间的相互作用后,前身中子星的物态方程变软了。在质量 $M=2.08M_{\odot}$ 的约束下,考虑了超子之间的相互作用,前身中子星 PSR J0740+6620 的中心重子密度从 0. 528 fm^{-3} 增加到 0. 532 fm^{-3},增大了约 0. 76%;前身中子星 PSR J0740+6620 的中心能量密度从 1.013×10^{15} g · cm^{-3} 增加到 1.022×10^{15} g · cm^{-3},增大了约 0. 89%;中心压强从 $=2.118\times10^{35}$ dyne · cm^{-2}

增加到 2.134×10^{35} dyne · cm^{-2}，增大了约 0.76%；半径从 14.518 km 减小到 14.507 km，减小了约 0.08%。

相对于同一中心能量密度，在考虑了超子之间的相互作用时，前身中子星的转动惯量减小了。在质量 $M=2.08M_{\odot}$ 的约束下，考虑了超子之间的相互作用，前身中子星 PSR J0740+6620 的转动惯量从 2.460×10^{45} g · cm^{2} 减小到 2.448×10^{45} g · cm^{2}，减小了约 0.49%。前身中子星的转动惯量随着质量或半径的变化曲线各有一个峰值。在考虑了超子之间的相互作用后，该峰值所表示的转动惯量减小了。

参考文献

[1] Ding W B, Cai M D, Chan A H, et al. The impact of dark matter on neutron stars with antikaon condensations[J]. Int. J. Mod. Phys. A, 2022, 37: 2250034.

[2] Mu X L, Jia H Y, Zhou Z, et al. Effects of the σ^* and Φ mesons on the properties of massive protoneutron stars[J]. Astrphys. J., 2017, 846: 140.

[3] Li Y X, Chen H Y, Wen D H, et al. Constraining the nuclear symmetry energy and properties of the neutron star from GW170817 by Bayesian analysis[J]. Eur. Phys. J. A, 2021, 57: 31.

[4] Demorest P B, Pennucci T, Ransom S M, et al. A two-solar-mass neutron star measured using Shapiro delay[J]. Nature, 2010, 467: 1081.

[5] Fonseca E, Pennucci T T, Ellis J A, et al. The NANOGravnine-year data set: mass and geometric measurements of binary millisecond pulsars [J]. Astrphys. J., 2016, 832: 167.

[6] Antoniadis J, Freire P C C, Wex N, et al. Amassive pulsar in a compact relativistic binary [J]. Science, 2013, 340: 448.

[7] Cromartie H T, Fonseca E, Ransom S M, et al. Relativistic Shapiro delay measurements of an extremely massive millisecond pulsar [J]. Nat. Astron., 2020, 4: 72.

[8] Zhang N B, Li B A. Implications of the mass $M=2.17^{+0.11}_{-0.10}M_{\odot}$ of PSR J0740+6620 on the equation of state of super-dense neutron-rich nuclear matter[J]. Astrphys. J., 2019, 879: 99.

[9] Yang S H, PI C M, Zheng X P. Non-Newtonian gravity in strange quark stars and constraints from the observations of PSR J0740+6620 and GW170817[J]. Astrphys. J., 2019, 902: 32.

[10] Zhou Y, Chen L W. Ruling Out the supersoft high-density symmetry energy from the discovery of PSR J0740+6620 with mass $2.14^{+0.10}_{-0.09}M_{\odot}$[J]. Astrphys. J., 2019, 886: 52.

[11] Burrows A, Lattier J M. The birth of Neutron stars[J]. Astrophy., 1986, 307: 178.

[12] Glendenning N K. Neutron stars are giant hypernuclei? [J]. Astrphys. J. ,1985,293:470.

[13] Schaffner J,Dover C B,Gal A,et. al. Multiply strange nuclear systems[J]. Ann. Phys. ,1994, 235:35.

[14] Typel S,Wolter H H. Relativistic mean field calculations with density-dependent meson-nucleon coupling[J]. Nucl. Phys. A,1999,656:331.

[15] Glendenning N K. Compact Stars: Nuclear Physics, Particle Physics, and General Relativity [M]. New York:Springer-Verlag,New York,Inc,1997.

[16] Glendenning N K, Moszkowski S A. Reconciliation of neutron-star masses and binding of the Lambda in hypernuclei [J]. Phys. Rev. Lett. ,1991,67:2414.

[17] Todd-Rutel B G, Piekarewicz J. Neutron-rich nuclei and neutron stars: a new accurately calibrated interaction for the study of neutron-rich matter [J]. Phys. Rev. Lett. , 2005, 95:122501.

[18] Laura T, Mario C, Angels R. The equation of state for the nucleonic and hyperonic core of neutron stars[J]. Publ. Astron. Soc. Aust. ,2017,34:e065.

[19] Glendenning N K. Finite temperature metastable matter [J]. Phys. Lett. B,1987,185:275.

[20] Glendenning N K. Hot metastable state of abnormal matter in relativistic nuclear field theory [J]. Nucl. Phys. A,1987,469:600.

[21] Schaffner J, Mishustin I N. Hyperon-rich matter in neutron stars [J]. Phys. Rev. C, 1996, 53:1416.

[22] Schaffner-Bielich J,Gal A. Properties of strange hadronic matter in bulk and in finite systems [J]. Phys. Rev. C,2000,62:034311.

[23] Zhao X F. The composition of baryon in the proto neutron star PSR J0348+0432[J]. Int. J. Theor. Phys. ,2019,58:1060.

[24] Weissenborn S,Chatterjee D,Schaffner-Bielich J. Hyperons and massive neutron stars:the role of hyperon potentials [J]. Nucl. Phys. A,2012,881:62.

[25] Gal A,Hungerford E V,Millener D J. Strangeness in nuclear physics[J]. Rev. Mod. Phys. , 2016,88:035004.

[26] Batty C J,Friedman E,Gal A. Strong interaction physics from hadronic atoms[J]. Phys. Rep. , 1997,287:385.

[27] Harada T,Hirabayashi Y,Umeya A. Production of doubly strange hypernuclei via Ξ^- doorways in the $^{16}O(K^-,K^+)$ reaction at 1. 8 GeV/c[J]. Phys. Lett. B,2010,690:363.

[28] Riley T E, Watts A L, Bogdanov S. et. al. A NICER View of PSR J0030+0451: Millisecond

Pulsar Parameter Estimation[J]. Astrophys. J. Lett. ,2019,887:L21.

[29] Miller M C,Lamb F K,Dittmann A J,et. al. PSR J0030+0451 Mass and Radius from NICER Data and Implications for the Properties of Neutron Star Matter[J]. Astrophys. J. Lett. ,2019, 887:L24.

[30] Zhao X F. The moment of inertia of theneutron star PSR J0348+0432 and its proto neutron star [J]. Astrophys Space Sci. ,2017,362:95.

[31] Degollado J C,Salgado M,Alcubierre M. On the formation of "supermassive" neutron stars and dynamical transition to spontaneous scalarization[J]. Phys. Lett. B,2020,808:135666.

[32] Han S,Prakash M. On the minimum radius of very massive neutron stars[J]. Astrphys. J. , 2020,899:164.

[33] Prakash M,Bombaci I,Prakash M,et al. Composition and structure of protoneutron stars[J]. Phys. Rep,1997,280:1.

[34] Fonseca E,Cromartie H T,Pennucci T T,et al. Refined Mass and Geometric Measurements of the High-Mass PSR J0740+6620[J]. Astrophys. J. Lett. ,2021,915:L12.

[35] Miller M C,Lamb F K,Dittmann A J,et al. The radius of PSR J0740+6620 from NICER and XMM-NEWTON data[J]. Astrophys. J. Lett. ,2021,918:L28.

[36] Tu Z H,Zhou S G. Effects of φ-meson on properties of hyperon stars in density dependent relativistic mean field model[J]. Astrophys. J. ,2022,925:16.

[37] Hartle J B. Slowly rotating relativistic stars Ⅰ. Equations of structure[J]. Astrphys. J. ,1967, 150:1005.

[38] Hartle J B,Thorne K S. Slowly rotating relativistic stars Ⅱ. Models for neutron star and supermassive stars[J]. Astrphys. J. ,1968,153:807.

[39] Benhar O,Ferrari V,Gualtieri L,et al. Perturbative approach to the structure of rapidly rotating neutron stars[J]. Phys. Rev. D,2005,72:044028.

[40] Cipolletta F,Cherubini C,Filippi S,et al. Fast rotating neutron stars with realistic nuclear matter equation of state[J]. Phys. Rev. D,2015,92:023007.

[41] Fortin M,Avancini S S,Providência C,et al. Hypernuclei and massive neutron stars[J]. Phys. Rev. C,2017,95:065803.

4 温度对前身中子星 PSR J0740+6620 的影响

4.1 温度对前身中子星 PSR J0740+6620 性质的影响

中子星质量很大,半径很小,因此密度极高[1]。中子星是宇宙中神秘的天体之一,具有许多有趣的性质。

Ding 等的研究表明,暗物质对含有反 K 介子凝聚的中子星物质有影响。假设暗物质是由非自湮灭、强或弱自相互作用的费米子组成的。暗物质和反 K 介子凝聚之间的竞争使得中子星的性质和中微子发射特征发生了剧烈变化。反 K 介子凝聚对暗物质粒子之间的弱自相互作用的影响是比较大的。但是,反 K 介子凝聚对暗物质粒子之间的强自相互作用的影响似乎很弱[2]。

Mu 等在相对论平均场理论的框架下研究了大质量中子星和质子中子星的性质。在一定的耦合参数选择下,考虑了介子 σ^*、φ 的影响,得到了超子存在下的二倍太阳质量冷中子星的模型。他们通过耦合参数外推,研究了介子 σ^*、φ 在不同演化阶段对大质量中子星性质的影响。并用两种不同的方法确定了耦合参数,并研究了它们对物态方程、质量、半径和温度的影响。结果表明,奇异介子在中子星不同演化阶段的作用是不同的。Mu 等还给出了与中子星 PSR J0348+0432 的质量相对应的中子星的性质[3]。

Li 等以引力波 GW170817 事件为约束条件,利用参数状态方程对核对称能和中子星的性质进行了计算研究。他们采用贝叶斯分析方法,考虑了因果关系和最大质量的约束条件,发现对称能和压强对两倍饱和核密度的核物质有所限制。此外,Li 等还证明了典型中子星的半径和无量纲潮汐变形能力的约束,并给出了相应结果约束条件[4]。

Gao 等结合磁偶极辐射和偶极磁场衰减模型解释了中子星 PSR J1640-4631 的高制动指数。他们通过引入平均旋转能量转换系数,即在整个生命周期中总高能光子能量与总旋转能量损失的比值,并结合脉冲星的高能和定时观测,利用可靠的核状态方程,估计出脉冲星的初始自旋周期和对应的转动惯量。此外,假设中子星 PSR J1640−4631 经历了偶极子磁场的长期指数衰减,他们还计算了有效磁场衰减的时间尺度和脉冲星极点处的初始表面偶极磁场分布。结果表明,中子星质量对中子星物质的状态方程有很强的约束[5-6]。

每发现一个质量更大的中子星,都会加强我们对中子星物质的认识。近年来,大质量中子星的天文观测取得了重大发现。中子星 PSR J1614−2230 [$M=(1.93\pm0.07)M_\odot$][7-8]、PSR J0348+0432[$M=(2.01\pm0.04)M_\odot$][9]和 PSR J0740+6620($M=2.14^{0.10}_{-0.09}M_\odot$)[10],特别是其中的中子星 PSR J0740+6620,是迄今为止发现的质量最大的中子星。2021 年,中子星 PSR J0740+6620 的质量和半径被进一步确定为 $M=2.08^{0.07}_{-0.07}M_\odot$[11]和 $R=13.7^{2.6}_{-1.5}$ km[12]。

中子星是由超新星爆炸在核心形成的。首先,在核心形成前身中子星,其温度可高达 30 MeV。之后,前身中子星通过中微子辐射释放能量而冷却形成中子星[13]。对前身中子星的研究有助于我们了解恒星的整个演化过程。

当温度 $T<146$ MeV 时,有限温度的核物质中只有正常态存在。当温度为 146 MeV$<T<$165 MeV 时,核物质中将同时存在正常态和异常态。当温度 $T>$165 MeV 时,核物质中仅存在异常态[14-15]。前身中子星的温度远低于 146 MeV,因此,前身中子星中只存在正常态,不存在异常态。即便如此,温度是如何影响前身中子星物质的性质的,仍然是我们非常感兴趣的课题。

本小节我们利用相对论平均场理论[16],考虑到重子八重态,计算研究了温度对前身中子星 PSR J0740+6620 性质的影响。

4.1.1 计算理论和参数选取

前身中子星物质可以看成有限温度的无限核物质。前身中子星的相对论平均场理论见 1.1 节,球对称静态星的质量和半径由 TOV 方程解出,如果将前身中子星视为慢旋转的,其质量和半径就可由 TOV 方程解出(详见 1.2 节)。

本研究中,我们选择了 7 组核子耦合参数:NL1[17]、GL85[18]、GL97[1]、GM1[19]、FSUGold[20]、FSU2R[21]、FSU2H[21]。为了选择一组能很好地描述前身中子星 PSR J0740+6620 的最优的核子耦合参数,我们使用 Fonseca 等[11]和 Miller 等[12]的结果作为约束条件。在此过程中,前身中子星的温度取 $T=25$ MeV[13]。

超子耦合参数与核子耦合参数的比 $x_{\sigma h}$、$x_{\omega h}$ 和 $x_{\rho h}$ 分别由式(2.1−1)、式(2.1−2)和式(2.1−3)定义。计算结果表明,它们的取值范围在 1/3 到 1 之间[19]。

前身中子星的质量随着耦合参数的比 $x_{\sigma h}$ 和 $x_{\omega h}$ 的增加而增大[22]，因此我们必须选择尽可能大的耦合参数比 $x_{\omega h}$ 才可能得到前身中子星 PSR J0740+6620 的大质量。这里，我们取 $x_{\omega h}=0.9$，而 $x_{\sigma h}$ 则由拟合超子在饱和核物质中的势阱深度[式(2.1-4)]确定。此处，超子势阱深度分别取 $U_{\Lambda}^{(N)}=-30$ MeV[23-25]、$U_{\Sigma}^{(N)}=30$ MeV[23-26]、$U_{\Xi}^{(N)}=-14$ MeV[27]。至于耦合参数比 $x_{\rho h}$，由夸克结构的 SU(6) 对称性决定[28]。介子与超子之间的耦合参数的选取参考式(2.1-5)、式(2.1-6)和式(2.1-7)。

7 组核子耦合参数计算出的前身中子星的质量随半径的变化情况如图 4.1-1 所示。

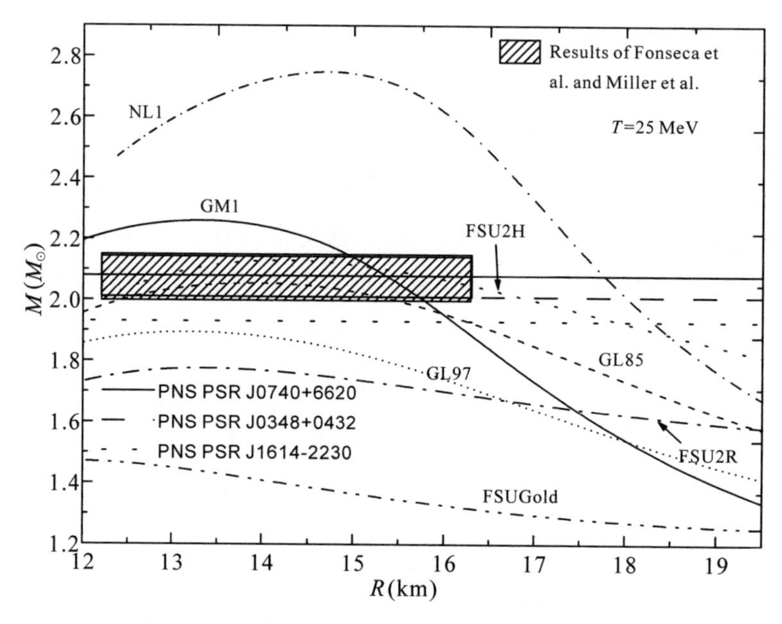

图 4.1-1　前身中子星的质量随半径的变化情况

注：前身中子星的温度取 $T=25$ MeV。阴影区域表示 Fonseca 等和 Miller 等计算出的中子星 PSR J0740+6620 的质量和半径。粗水平直线表示前身中子星 PSR J0740+6620 的质量。

由图 4.1-1 可知，核子耦合参数 GM1 给出的前身中子星 PSR J0740+6620 的和半径与 Fonseca 等和 Miller 等计算出的结果较为一致。因此，接下来我们用核子耦合参数 GM1 来描述前身中子星 PSR J0740+6620 的性质。前身中子星的温度分别取 14 MeV、21 MeV、28 MeV、35 MeV。

4.1.2　前身中子星 PSR J0740+6620 的半径和中心重子密度

前身中子星的质量随半径的变化情况如图 4.1-2 所示。

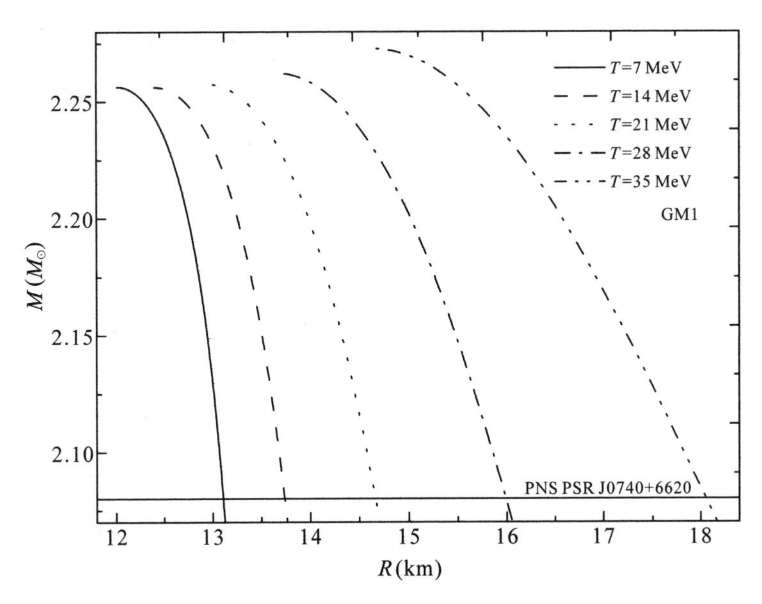

图 4.1-2　前身中子星的质量随半径的的变化情况

注：前身中子星的温度分别取 7 MeV、14 MeV、21 MeV、28 MeV、35 MeV，核子耦合参数取 GM1。粗水平直线表示前身中子星 PSR J0740+6620 的质量与半径。

由图 4.1-2 可知，对于某一温度的前身中子星，它的质量随着半径的增大而减小。在前身中子星 PSR J0740+6620 的质量 $M=2.08M_{\odot}$的约束下，其半径随着温度的升高而增大，这一结果也可以从图 4.1-3(a)看出。前身中子星 PSR J0740+6620 的中心重子密度随温度的变化情况如图 4.1-3(b)所示。可见，前身中子星 PSR J0740+6620 的中心重子密度随温度的升高而降低，详见表 4.1-1。

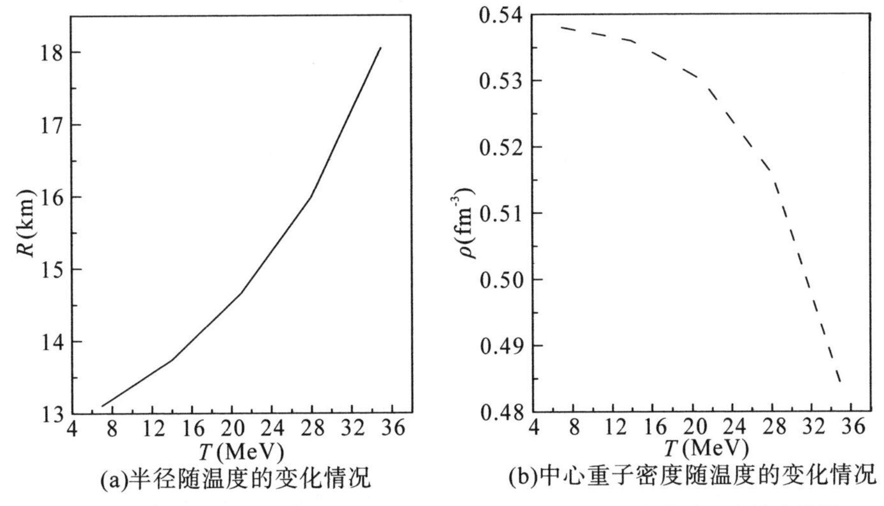

(a)半径随温度的变化情况　　(b)中心重子密度随温度的变化情况

图 4.1-3　前身中子星 PSR J0740+6620 的半径、中心重子密度随温度的变化情况

表 4.1-1　本研究计算得到的前身中子星 PSR J0740+6620 的性质

T (MeV)	R (km)	ρ_c (fm^{-3})	$\sigma_{0,c}$ (fm^{-1})	$\omega_{0,c}$ (fm^{-1})	$\rho_{03,c}$ (fm^{-1})	$\sigma^*_{0,c}$ (fm^{-1})	$\varphi_{0,c}$ (fm^{-1})	$\mu_{n,c}$ (fm^{-1})	$\mu_{e,c}$ (fm^{-1})
7	13.106	0.538	0.366	0.360	0.049	0.012	0.009	6.720	1.028
14	13.736	0.536	0.365	0.358	0.049	0.013	0.011	6.689	1.008
21	14.662	0.530	0.363	0.354	0.048	0.014	0.012	6.624	0.979
28	15.981	0.516	0.357	0.344	0.046	0.015	0.012	6.508	0.942
35	18.047	0.484	0.345	0.323	0.043	0.013	0.011	6.286	0.894

注：前身中子星 PSR J0740+6620 的质量取 $M=2.08M_{\odot}$。R 和 ρ_c 分别表示前身中子星 PSR J0740+6620 的半径和中心重子密度。$\sigma_{0,c}$、$\omega_{0,c}$、$\rho_{03,c}$、$\sigma^*_{0,c}$ 和 $\varphi_{0,c}$ 分别表示介子 σ、ω、ρ、σ^*、φ 的中心场强度。$\mu_{n,c}$ 和 $\mu_{e,c}$ 分别表示中子 n 和电子 e 的中心化学势。

由表 4.1-1 可知，当温度从 7 MeV 升高到 35 MeV 时，前身中子星 PSR J0740+6620 的半径从 13.106 km 增大到 18.047 km。前身中子星 PSR J0740+6620 的半径受温度影响较大。

4.1.3　介子的场强和中子及电子的化学势

介子的场强、中子和电子的化学势随重子密度的变化情况如图 4.1-4 所示。

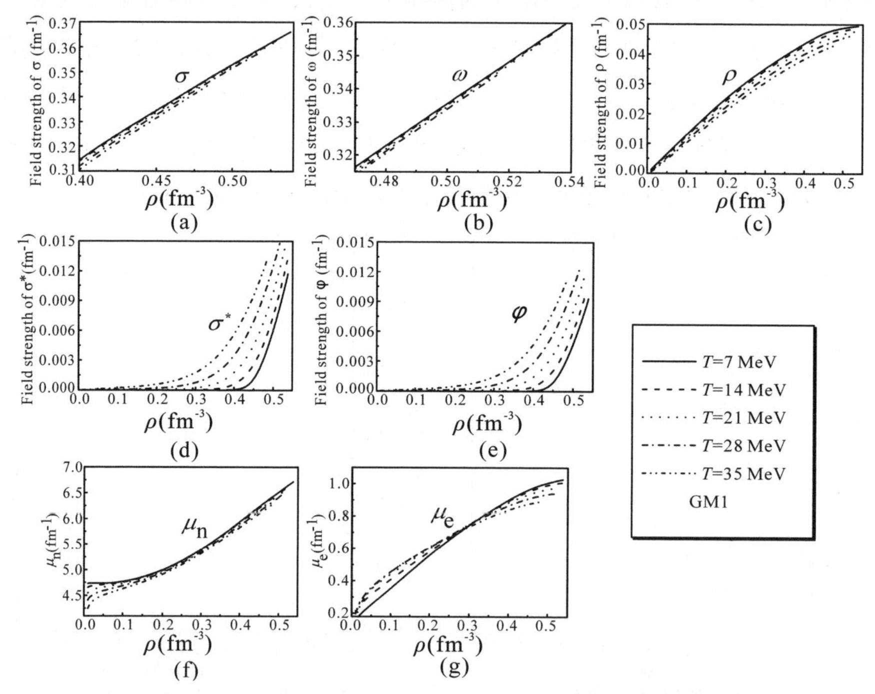

图 4.1-4　介子的场强、中子和电子的化学势随重子密度的变化情况

注：前身中子星的温度取 7 MeV、14 MeV、21 MeV、28 MeV、35 MeV，计算采用核子耦合参数 GM1。

由图 4. 1−4 可知,介子 σ、ω、ρ 的场强随着温度的升高而减小,而介子 σ^*、φ 的场强则随着温度的升高而增大。这表明,随着前身中子星温度的升高,核子之间的相互作用减少,超子之间的相互作用增大。这时,更多的核子转化为超子。由图 4. 1−4 还可知,中子的化学势随着温度的升高而减小;电子的化学势在重子密度小于 0. 3 fm^{-3} 时,随着温度的升高而增大,当重子密度大于 0. 3 fm^{-3} 时,随着温度的升高而减小。

介子的中心场强、中子和电子的中心化学势随温度的变化情况如图 4. 1−5 所示。

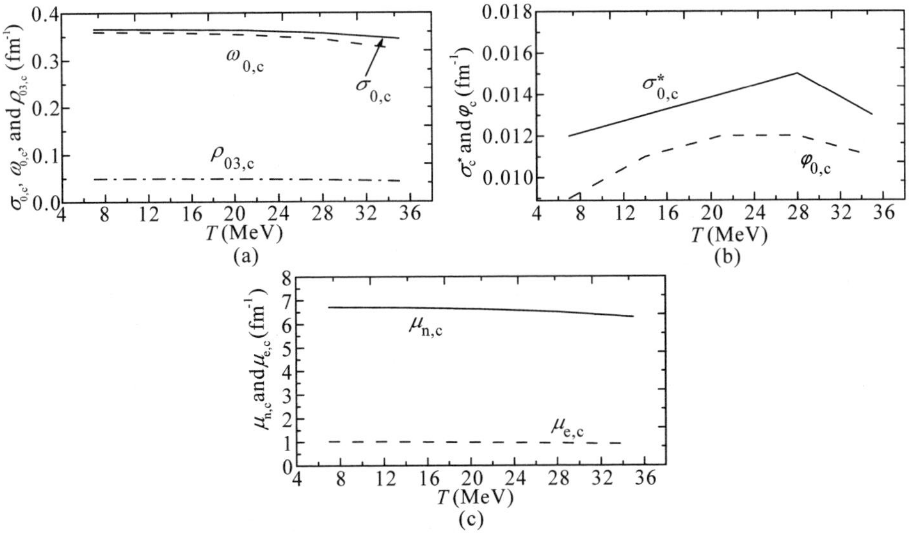

图 4. 1−5　介子的中心场强、中子和电子的中心化学势随温度的变化情况

注:前身中子星的温度取 7 MeV、14 MeV、21 MeV、28 MeV、35 MeV,计算采用核子耦合参数 GM1。

由图 4. 1−5(a)可知,介子 σ、ω、ρ 的中心场强随着温度的升高而减小。这说明,温度(T)越高,前身中子星中心的核子之间的相互作用越小。

由图 4. 1−5(b)可知,介子 σ^* 和 φ 的场强先随着温度的增加而增大,分别达到各自的最大值之后,再随着温度的升高而减小。这表明,超子之间的相互作用随温度的变化有一个最大值。

由图 4. 1−5(c)可知,中子和电子的中心化学势都随着温度的升高而减小。但是,电子化学势随温度减小的幅度要小一些。

4. 1. 4　前身中子星 PSR J0740+6620 的相对重子密度

重子相对密度随重子密度的变化情况如图 4. 1−6 所示。由图 4. 1−6(a)可知,中子的相对密度随着温度的升高而减小,温度越高则中子的相对密度越低。

这表明在前身中子星内,温度越高将会有更多的中子转化为其他重子。由图 4.1-6(b)可知,随着温度的升高,前身中子星内质子的相对密度增加。这就是说,温度越高质子的相对密度越大,这表明在前身中子星内,温度越高将会有更多的中子转化为质子。

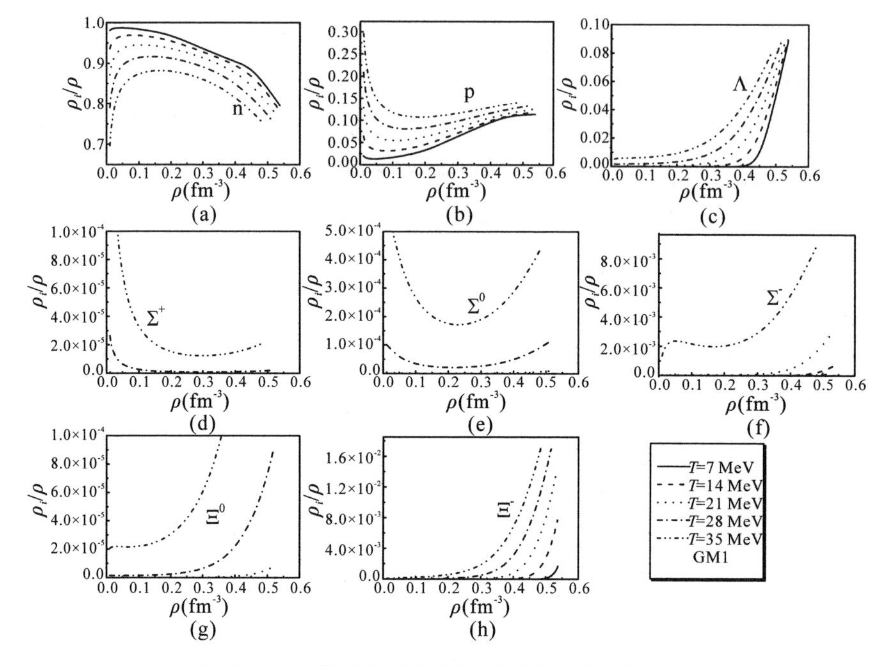

图 4.1-6　重子相对密度随重子密度的变化情况

注:前身中子星的温度取 7 MeV、14 MeV、21 MeV、28 MeV、35 MeV,计算采用核子耦合参数 GM1。(a)~(h)分别表示不同重子的相对密度。

由图 4.1-6(c)可知,超子 Λ 的相对密度随着温度的升高而增大。也就是说,在前身中子星内,温度越高超子 Λ 的相对密度越大,将会有更多的中子转化为超子 Λ。由图 4.1-6(d)~(h)可知,超子 Σ^+、Σ^0、Σ^-、Ξ^0、Ξ^- 的相对密度也随着温度的升高而增大。这表明温度越高,前身中子星内将会有更多的中子转化为超子 Σ^+、Σ^0、Σ^-、Ξ^0、Ξ^-。

综上所述,温度越高,前身中子星内质子和超子的相对密度越大,温度越高将会有更多的中子转化为质子和超子。也就是说,温度越高越有利于前身中子星内超子的产生。

重子相对密度与重子密度关系的全貌图如图 4.1-7 所示,由图可见,温度越高,中子的相对密度越小,而质子和超子的相对密度越大。

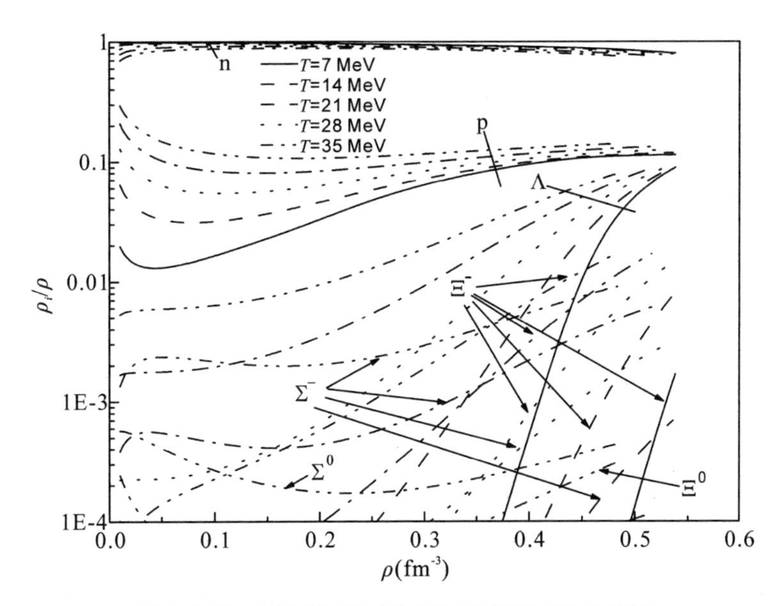

图 4.1-7　重子相对密度与重子密度关系的全貌图

注:前身中子星的温度取 7 MeV、14 MeV、21 MeV、28 MeV、35 MeV,计算采用核子耦合参数 GM1。

重子的中心相对密度随温度的变化情况如图 4.1-8 所示。

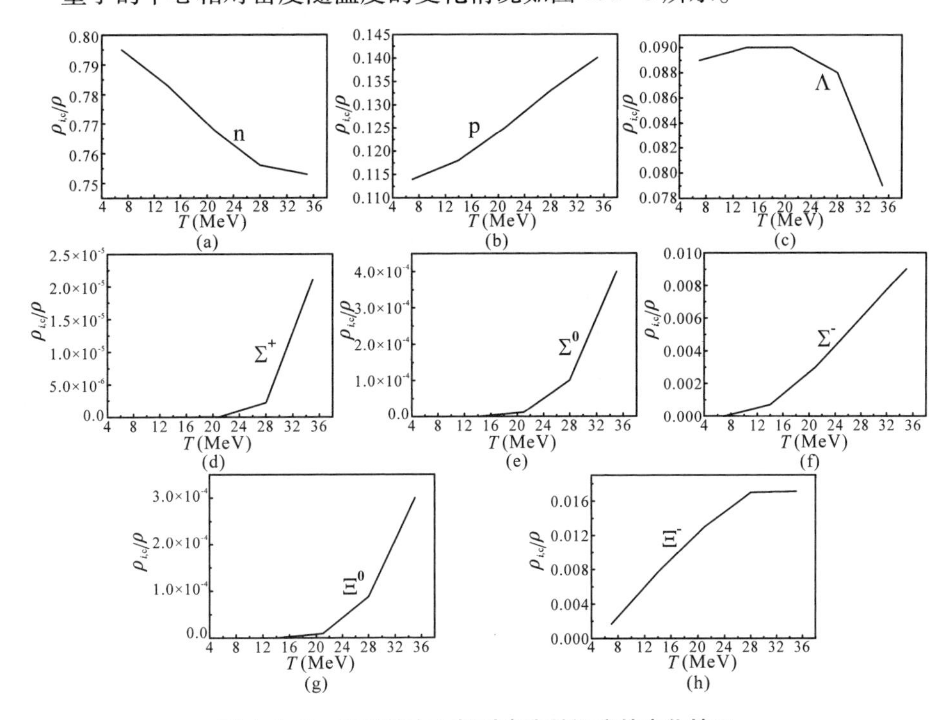

图 4.1-8　重子的中心相对密度随温度的变化情况

注:前身中子星的温度取 7 MeV、14 MeV、21 MeV、28 MeV、35 MeV,计算采用核子耦合参数 GM1。

由图可知,中子的中心相对密度随着温度的升高而减小,而质子 p 和超子 Σ^+、Σ^0、Σ^-、Ξ^0、Ξ^-的中心相对密度随着温度的升高而增大。这表明,随着温度的升高,在前身中子星中心,有更多的中子转化为质子 p 和超子 Σ^+、Σ^0、Σ^-、Ξ^0、Ξ^-。超子 Λ 的中心相对密度随温度的变化情况比较复杂:超子 Λ 的中心相对密度先随着温度的升高而增大,在温度为 20 MeV 左右达到最大值,之后,又随着温度的升高而减小。

4.1.5 总结

本小节利用相对论平均场理论,考虑到重子八重态,计算研究了温度对前身中子星 PSR J0740+6620 性质的影响。计算中核子耦合参数取 GM1,前身中子星的温度分别取 7 MeV、14 MeV、21 MeV、28 MeV、35 MeV。

计算表明,对于某一温度的前身中子星,它的质量随着半径的增大而减小。在前身中子星 PSR J0740+6620 质量 $M=2.08M_{\odot}$的约束下,其半径随着温度的升高而增大。当温度从 7 MeV 增大到 35 MeV 时,前身中子星 PSR J0740+6620 的半径从 13.106 km 增大到 18.047 km,这表明,前身中子星 PSR J0740+6620 的半径受温度影响较大。前身中子星 PSR J0740+6620 的中心重子密度随温度的升高而降低。

相对于同一重子密度,介子 σ、ω、ρ 的场强随着温度的升高而减小,而介子 σ^*、φ 的场强则随着温度的升高而增大。这表明,随着前身中子星温度的升高,核子之间的相互作用减少,超子之间的相互作用增加,更多的核子转化为超子。相对于同一重子密度,中子的化学势随着温度的升高而减小;电子的化学势当重子密度小于约 0.3 fm^{-3} 时,随着温度的升高而增大,而当重子密度大于约 0.3 fm^{-3} 时,随着温度的升高而减小。

介子 σ、ω、ρ 的中心场强随着温度的升高而减小,温度越高,前身中子星的中心核子之间的相互作用越小。介子 σ^*、φ 的场强先随着温度的升高而增大,当分别达到各自的最大值之后,再随着温度的升高而减小。中子和电子的中心化学势都随着温度的升高而减小,电子化学势随温度减小的幅度要小一些。

中子的相对密度随着温度的升高而减小,温度越高中子的相对密度越低,这表明,在前身中子星内温度越高将会有更多的中子转化为其他重子。随着温度的升高,前身中子星内质子的相对密度增加。这就是说,温度越高质子的相对密度越大,在前身中子星内,温度越高将会有更多的中子转化为质子。

超子 Λ 的相对密度随着温度的升高而增大。在前身中子星内,温度越高超子 Λ 的相对密度越大,这表明有更多的中子转化为超子 Λ。超子 Σ^+、Σ^0、Σ^-、Ξ^0 和 Ξ^- 的相对密度也随着温度的升高而增大,温度越高,前身中子星内有更多的中子转化为超子 Σ^+、Σ^0、Σ^-、Ξ^0、Ξ^-。温度越高前身中子星内质子和超子的相对密度越大,表明温度越高将会有更多的中子转化为质子和超子。温度越高越有利于前身中子星内超子的产生。

中子的中心相对密度随着温度的升高而减小,而质子 p 和超子 Σ^+、Σ^0、Σ^-、Ξ^0、Ξ^- 的中心相对密度随着温度的升高而增大。这表明。随着温度的升高,在前身中子星中心,有更多的中子转化为质子 p 和超子 Σ^+、Σ^0、Σ^-、Ξ^0、Ξ^-。超子 Λ 的中心相对密度先随着温度的升高而增大,在温度 20 MeV 左右达到最大值,之后,又随着温度的升高而减小。

4.2 温度对前身中子星 PSR J0740+6620 表面引力红移的影响

前身中子星是在超新星爆发后形成的。超新星爆发后会有一个几十秒的过渡状态,之后,在核心形成中子星,或者形成黑洞[29]。最初,前身中子星在光学上对中微子很厚,中微子暂时被困在恒星内。前身中子星随后的进化是由中微子扩散主导的,这首先导致了去质子化,然后是冷却。经过较长的一段时间后,中子星冷却过程中光子发射与中微子发射相互竞争[30]。

关于前身中子星,迄今人们已开展了一些研究工作。假定中子星内包括超子,Nicotra 等用有限温度的 Brueckner-Bethe-Goldstone 理论方法研究了前身中子星的结构。他们发现,对于只含有核子的中子星,有限温度和中微子俘获都会降低最大质量的值。对于超声速中子星,这种效应正好相反。因为中微子势阱将使得超子在更大的重子密度处产生,并使状态方程相当硬[30]。

Burgio 等研究了有限温度 Brueckner-Bethe-Goldstone 多体理论下前身中子星的结构。如果核子、超子和轻子存在于前身中子星核心中,他们发现中微子俘获会大大强化状态方程,因为超子的起始点会转移到更大的重子密度上。然而,中子星临界质量值小于典型中子星质量值 1.44$M_{\odot}$。他们发现,强子夸克相变的加入增加了中子星的临界质量,并将其稳定在 1.5$M_{\odot}$ ~ 1.6$M_{\odot}$[31]。将强子手征 SU(3)模型应用于中子星和前身中子星,并考虑俘获中微子、有限温度和熵,Dexheimer 等研究了向手征相位的转变,计算了不同情况下中子星的最小质量、最大质量和半径等全局性质。此外,他们还考虑了旋转对中子星质量的影响,研究发现,重子数守恒和角动量守恒决定了冷却过程中旋转的最大频率[32]。

Sawai 等对磁旋转不稳定性进行了数值模拟。作为轴对称理想磁流体动力学模拟的结果,他们发现磁场被极大地放大到磁星级强度。在饱和阶段,核心的很大一部分被湍流所主导,磁场具有主要的大尺度分量,与前身中子星的大小相当。在以前的局部模拟中通常出现在指数增长阶段的相干连续晶体流模式,在他们的全局模拟中没有观察到。随着空间分辨率的增加,指数增长速度近似收敛,饱和磁的收敛速度减小。由于数值扩散仍然很大,虽然磁场对动态是温和的,但是,磁场仍然不能实现。结果表明,如果使用一个足够高分辨率的模拟,将可能导致更大的影响[33]。

由中子、质子、超子和电子组成的系统的相图是在三维空间的平均场近似中求重子、轻子和奇异电荷的值而得到的。Gulminelli 等的结果表明,在亚饱和密度下,相图受电磁相互作用的影响较大。而在超饱和密度下,相图几乎不受电荷的影响。因此,在奇异性平衡条件下的恒星物质将经历一阶和二阶奇异性驱动,在高密度情况下恒星物质发生相变,而液相-气相转变则有望被淬火。他们的计算表明,这个临界点的存在可能相当大地影响了中微子在核心坍缩的超新星中的传播[34]。

Camelio 等研究了在核心坍缩中诞生的前身中子星在它生命的最初几秒旋转速率的演化。在这个阶段,他们通过求解中微子输运和广义相对论中的恒星结构方程,将恒星的演化描述为一系列的平稳构型。他们的模型考虑了中微子发射造成的损失。假设前身中子星诞生时具有有限的椭圆率,他们确定了发射的引力波信号,并用现在和未来的地面干涉探测器估计了它的可探测性[35]。

中子星的引力红移与中子星的质量和半径密切相关。RX J1856.5-3754 是目前已知一颗最明亮的、离地球较近的中子星,大量的观测资源用于对它的研究。在之前的研究中,Wynn 发现其最新的磁性氢大气的模型与 X 射线的整个光谱都吻合得很好(最好拟合的中子星半径 $R \approx 14$ km,引力红移 $z_g \sim 0.2$,磁场 $B \approx 4 \times 10^{12}$ G)[36]。

基于对自旋-2 大质量引力子的兴趣,Hendi 等研究了大质量引力背景下中子星的结构。他们研究了在四维及更高维度下存在大质量重力时 TOV 方程的修正问题。接下来,通过考虑中子星物质的现代状态方程,研究了中子星的不同物理性质(如 Le Chatelier 原理、稳定性和能量条件)。结果表明,对大质量引力的考虑对中子星的结构有特定贡献,并引入了以新的理论来描述大质量天体物理的方法。此外,他们还讨论了中子星质量与半径的关系,研究了质量对 Schwarzschild 半径、平均密度、表面引力红移和动力学稳定性的影响。最后,他们得到了中子星质量、半径与普朗克质量的关系[37]。

近年来,人们发现了几颗大质量的中子星:中子星 PSR J1614−2230 [7-8]、PSR J0348+0432[9] 和 PSR J0740+6620[10]。中子星 PSR J0740+6620 是迄今为止发现的质量最大的中子星。2021 年,Fonseca 等进一步将中子星 PSR J0740+6620 的质量确定为 $2.08^{0.07}_{-0.07} M_{\odot}$[11],而 Miller 等进一步将中子星 PSR J0740+6620 的半径确定为 $13.7^{2.6}_{-1.5}$ km[12]。

本小节利用相对论平均场理论,考虑到重子八重态,计算研究了温度对前身中子星 PSR J0740+6620 表面引力红移的影响。前身中子星的温度分别取 7 MeV、14 MeV、21 MeV、28 MeV、35 MeV。

4.2.1 计算理论和参数选取

前身中子星的相对论平均场理论见 1.1 节,前身中子星表面引力红移的计算公式见 1.4 节。计算中,我们考虑了超子之间的相互作用。

我们选取核子耦合参数 GL85[22]、GL97[23]、NL1[24]、GM1[25]、FSUGold[26]、FSU2R[27]、FSU2H[27] 来计算前身中子星的性质。在此过程中,前身中子星的温度取 $T = 25$ MeV[36]。

根据式(2.1−1)、式(2.1−2)和式(2.1−3),我们定义了超子耦合参数与核子耦合参数的比 $x_{\sigma h}$、$x_{\omega h}$ 和 $x_{\rho h}$,它的取值应该在 1/3~1 之间[25]。其中的 $x_{\rho h}$ 由夸克结构的 SU(6) 对称性来选择[28-29]。由于 $x_{\sigma h}$ 和 $x_{\omega h}$ 的值越大计算得到的前身中

子星的最大质量也越大[34]，为了得到尽可能大的前身中子星的最大质量，我们必须选取尽可能大的 $x_{\sigma h}$ 和 $x_{\omega h}$。这里，我们取 $x_{\omega h}=0.9$，$x_{\sigma h}$ 由式(2.1-4)确定[23]。当然，这样会打破夸克结构的 SU(6) 对称性。这里，超子在饱和核物质中的势阱深度取 $U_{\Lambda}^{(N)}=-30$ MeV[29-31]、$U_{\Sigma}^{(N)}=30$ MeV[29-32]、$U_{\Xi}^{(N)}=-14$ MeV[33]。我们用介子 σ^*、φ 描述超子之间的相互作用，介子 σ^*、φ 与超子之间的耦合参数的选取参考式(2.1-5)、式(2.1-6)和式(2.1-7)。

前身中子星的半径随质量的变化情况如图 4.2-1 所示。

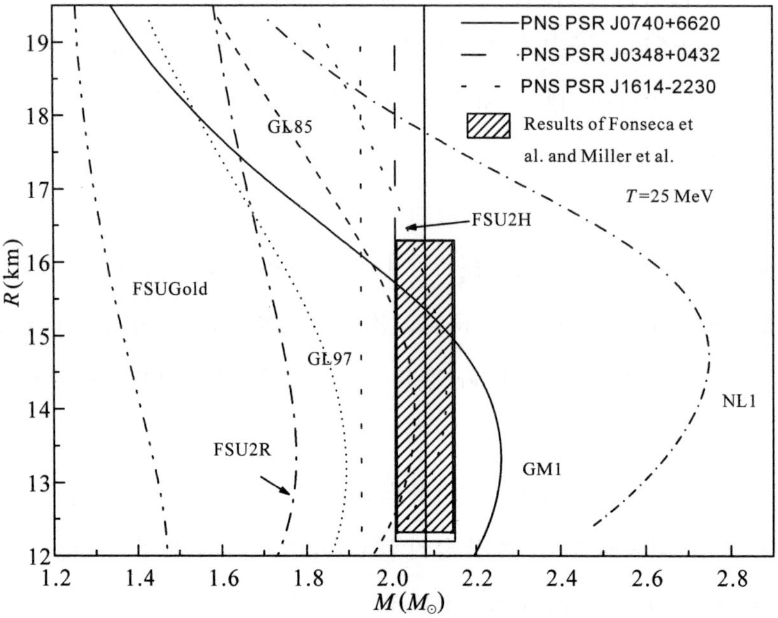

图 4.2-1　前身中子星的半径随质量的变化情况

注：计算中，核子耦合参数取 GL85、GL97、NL1、GM1、FSUGold、FSU2R、FSU2H，前身中子星的温度取 $T=25$ MeV。图中 3 条竖直线分别表示前身中子星 PSR J1614−2230、PSR J0348+0432 和 PSR J0740+6620 的质量和半径。

由图 4.2-1 可知，虽然核子耦合参数 NL1、FSU2H、GM1 都可以给出前身中子星 PSR J0740+6620 的质量，但是只有核子耦合参数 GM1 与 Fonseca 等和 Miller 等的计算结果最为符合。因此，在本研究中，我们将用核子耦合参数 GM1 来计算研究温度对前身中子星 PSR J0740+6620 表面引力红移的影响。

4.2.2　前身中子星的质量和半径

前身中子星的质量随中心重子密度的变化情况如图 4.2-2 所示。

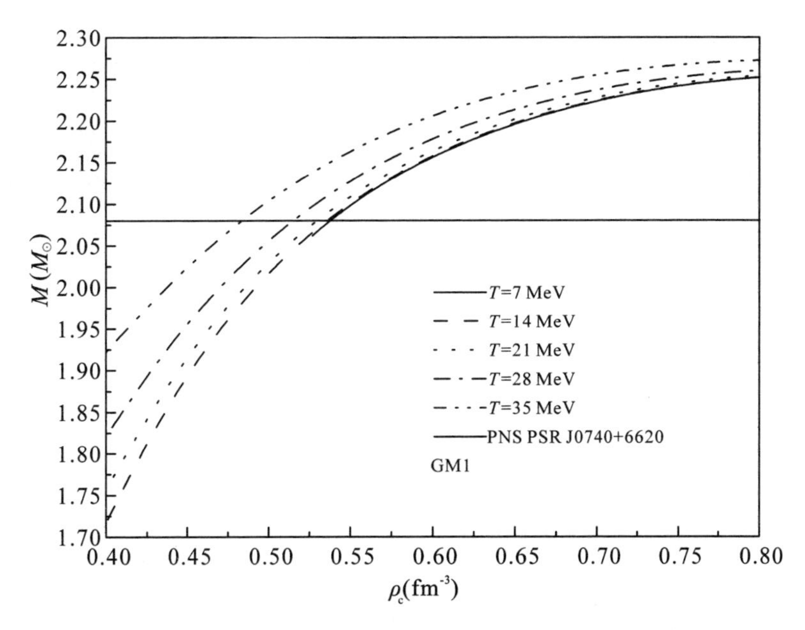

图 4.2-2 前身中子星的质量随中心重子密度的变化情况

注:粗横直线表示前身中子星 PSR J0740+6620 的质量 $M=2.08M_\odot$。前身中子星的温度取 7 MeV、14 MeV、21 MeV、28 MeV、35 MeV,计算采用核子耦合参数 GM1。

由图 4.2-2 可知,前身中子星的质量随着中心重子密度的增大而增大。也就是说,中心重子密度越大,所得到的前身中子星的质量越大。对于同一中心重子密度,前身中子星的质量随着温度的升高而增大。对于前身中子星的质量 $M=2.08M_\odot$,其中心重子密度随着温度的升高而减小。也就是说,温度越高,前身中子星的质量 $M=2.08M_\odot$ 越能在较小的中心重子密度处实现;温度越低,前身中子星的质量 $M=2.08M_\odot$ 必须要在较大的中心重子密度处才能实现。这个结果也可由表 4.2-1 看到。

表 4.2-1 本工作计算得到的前身中子星 PSR J0740+6620 的性质

T (MeV)	R (km)	ρ_c (fm^{-3})	ε_c ($\times10^{15}$ g·cm^{-3})	p_c ($\times10^{35}$ dyne·cm^{-2})	M/R ($M_\odot$/km)	z
7	13.106	0.538	1.029	2.200	0.159	0.372
14	13.736	0.536	1.028	2.178	0.151	0.345
21	14.662	0.530	1.019	2.118	0.142	0.312
28	15.981	0.516	0.993	1.992	0.130	0.275

续表

T (MeV)	R (km)	ρ_c (fm^{-3})	ε_c ($\times10^{15}$ g·cm^{-3})	p_c ($\times10^{35}$ dyne·cm^{-2})	M/R ($M_\odot$/km)	z
35	18.047	0.486	0.932	1.739	0.116	0.232

注:前身中子星 PSR J0740+6620 的质量取 $M=2.08M_\odot$。R 和 ρ_c 分别表示前身中子星 PSR J0740+6620 的半径和中心重子密度。ε_c、p_c 和 z 分别表示中心能量密度、中心压强和表面引力红移。

前身中子星的半径随中心重子密度的变化情况如图 4.2-3 所示。

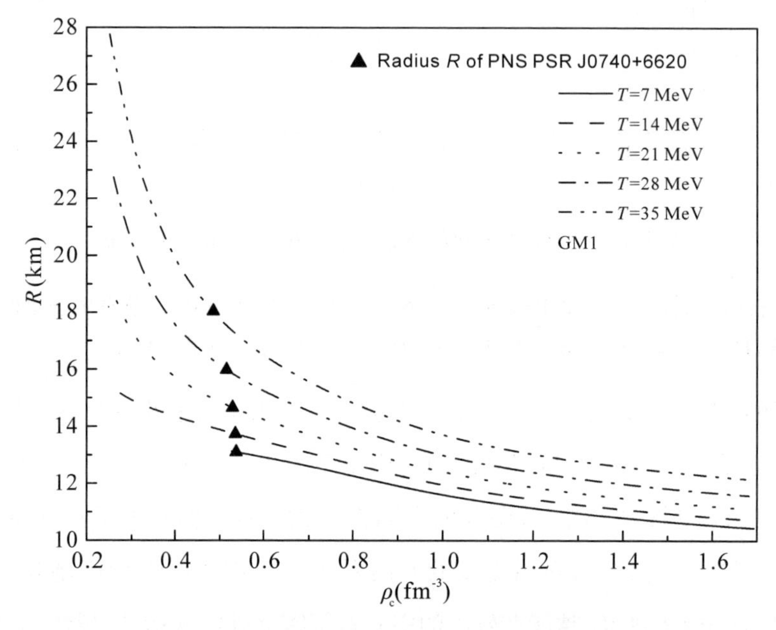

图 4.2-3 前身中子星的半径随中心重子密度的变化关系

注:三角形表示前身中子星 PSR J0740+6620 的半径,对应的前身中子星 PSR J0740+6620 的质量取 $M=2.08M_\odot$,计算采用核子耦合参数 GM1。

由图 4.2-3 可知,前身中子星的半径随着中心重子密度的增大而减小。也就是说,中心重子密度越大,所得到的前身中子星的半径越小。相对于同一中心重子密度,随着温度的升高,前身中子星的半径增大。对于前身中子星 PSR J0740+6620 来说,随着温度的升高,其半径增大。

由表 4.2-1 可知,当温度从 7 MeV 升高到 35 MeV 时,前身中子星 PSR J0740+6620 的半径从 13.106 km 增大到 18.047 km。可见,温度对前身中子星半径的影响是很大的。

4.2.3　前身中子星的能量密度和压强

前身中子星的能量密度随重子密度的变化情况如图 4.2-4 所示。

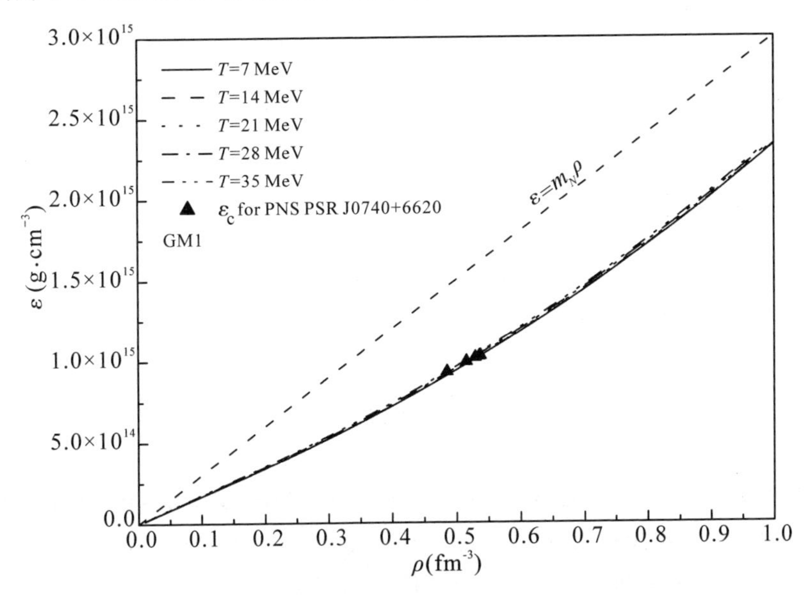

图 4.2-4　前身中子星的能量密度随重子密度的变化情况

注:三角形表示前身中子星 PSR J0740+6620 的中心能量密度,对应的前身中子星 PSR J0740+6620 的质量取 $M=2.08M_\odot$,计算采用核子耦合参数 GM1。

由图 4.2-4 可知,前身中子星的能量密度随着重子密度的增大而增大。根据经典统计物理学知识,我们知道系统的质量密度[即能量密度(ε)]与重子密度(ρ)的关系为

$$\varepsilon = m_N\rho \tag{4.2-1}$$

其中,m_N 表示核子的质量。

由式(4.2-1)可知,对于经典统计物理学来说,热力学系统的能量密度与重子密度满足正比例关系(由图 4.2-4 中的虚直线 $\varepsilon=m_N\rho$ 表示)。但是,对于前身中子星物质来说,由于它是高密度物质,要考虑广义相对论效应才能很好地描述它。因此,前身中子星的能量密度与重子密度之间的关系偏离了正比例关系。对于同一重子密度,考虑广义相对论效应时的能量密度要小于不考虑广义相对论效应时的能量密度(见图 4.2-4)。

前身中子星的能量密度随重子密度的变化情况(图 4.2-4 的局部放大图)如图 4.2-5 所示。

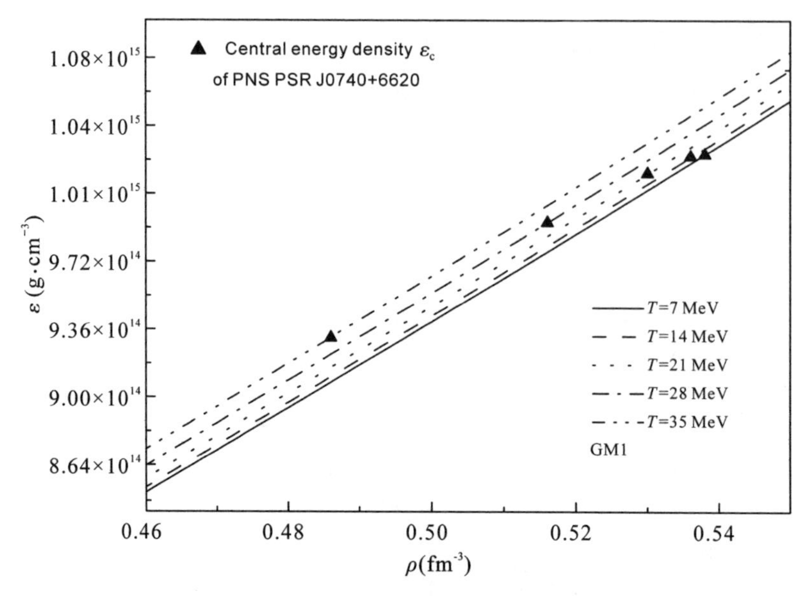

图 4.2-5　前身中子星的能量密度随重子密度的变化情况(图 4.2-4 的局部放大图)

注:三角形表示前身中子星 PSR J0740+6620 的中心能量密度,对应的前身中子星 PSR J0740+6620 的质量取 $M=2.08M_{\odot}$,计算采用核子耦合参数 GM1。

由图 4.2-5 可知,相对于同一重子密度,随着温度的升高,前身中子星的能量密度增大。在质量 $M=2.08M_{\odot}$ 的约束下,随着温度的升高,前身中子星 PSR J0740+6620 的中心能量密度减小,如图 4.2-6 所示。

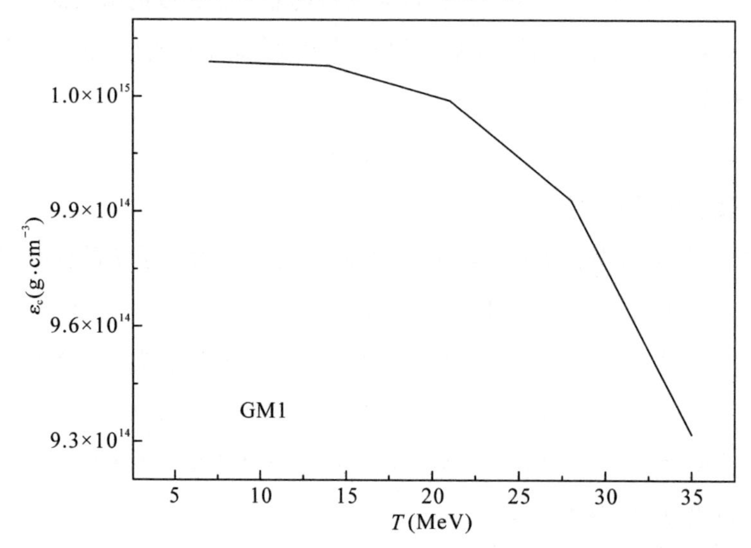

图 4.2-6　前身中子星 PSR J0740+6620 的中心能量密度随温度的变化情况

注:对应的前身中子星 PSR J0740+6620 的质量取 $M=2.08M_{\odot}$,计算采用核子耦合参数 GM1。

当温度由 7 MeV 升高到 35 MeV 时,前身中子星 PSR J0740+6620 的中心能量密度由 1.029×10^{15} g · cm^{-3} 减小到 0.932×10^{15} g · cm^{-3}(见表 4.2-1)。

前身中子星的压强随重子密度的变化情况如图 4.2-7 所示。

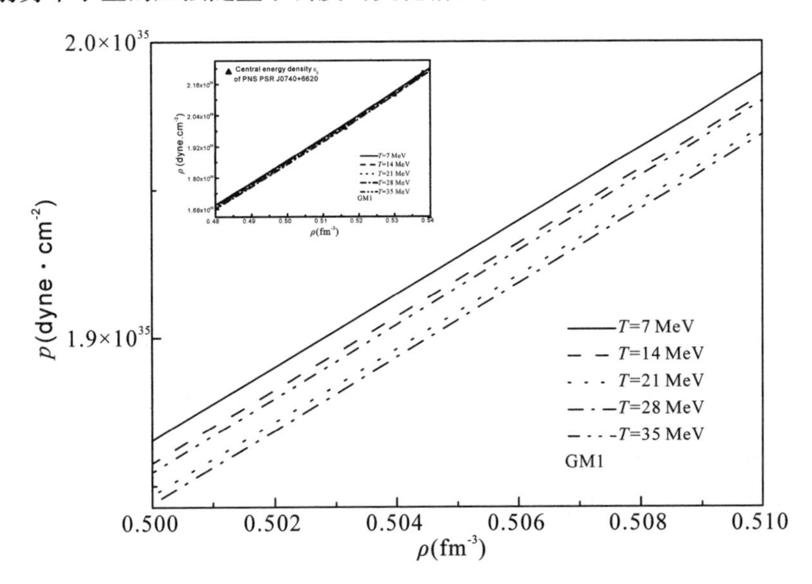

图 4.2-7　前身中子星的压强随重子密度的变化情况

注:三角形表示前身中子星 PSR J0740+6620 的中心压强,对应的前身中子星 PSR J0740+6620 的质量取 $M=2.08M_{\odot}$,计算采用核子耦合参数 GM1。

由图 4.2-7 可知,前身中子星的压强随着重子密度的增大而增大。相对于同一重子密度,当温度由 7 MeV 升高到 28 MeV 时,前身中子星的压强减小;而当温度由 28 MeV 升高到 35 MeV 时,前身中子星的压强反而增大。也就是说,相对于同一重子密度,随着温度的升高,前身中子星的压强有一个最大值。

前身中子星 PSR J0740+6620 的中心压强随温度的变化情况如图 4.2-8 所示。由图 4.2-8 可知,前身中子星 PSR J0740+6620 的中心压强随着温度的升高而减小。这就是说,温度越高,要想获得质量 $M=2.08M_{\odot}$ 的前身中子星,所要求的中心压强越小。由表 4.2-1 可知,当前身中子星 PSR J0740+6620 的温度由 7 MeV 升高到 $T=35$ MeV 时,前身中子星的中心压强由 2.200×10^{35} dyne · cm^{-2} 减小到 1.739×10^{35} dyne · cm^{-2}。

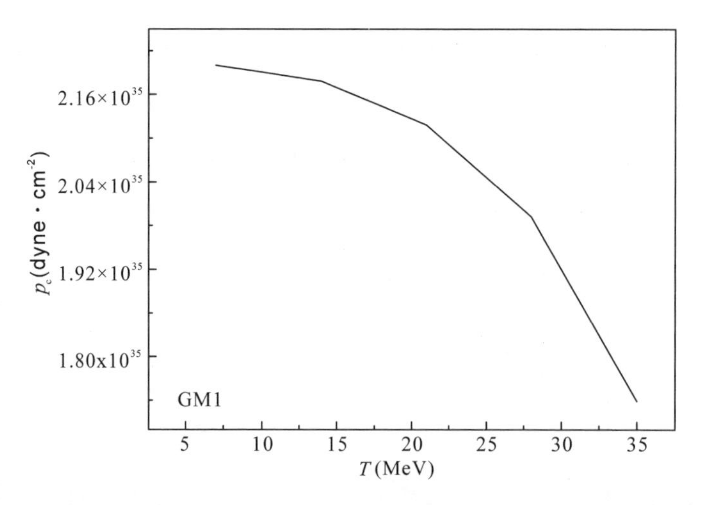

图 4.2-8 前身中子星 PSR J0740+6620 的中心压强随温度的变化情况

注:对应的前身中子星 PSR J0740+6620 的质量取 $M=2.08M_{\odot}$,计算采用核子耦合参数 GM1。

由前面的讨论可知,前身中子星的能量密度与中心重子密度不满足线性关系。前身中子星的半径随中心能量密度的变化情况如图 4.2-9 所示,该图反映的半径与中心能量密度的关系和图 4.2-3 反映的半径与中心重子密度的关系非常类似:半径都随着中心能量密度或中心重子密度的增大而减小。对应于同一中心能量密度或者中心重子密度,随着温度的升高前身中子星的半径都增大。

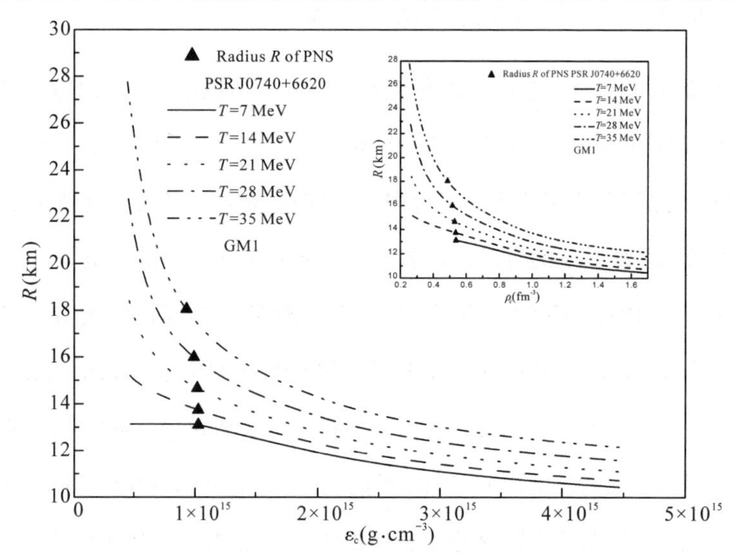

图 4.2-9 前身中子星的半径随中心能量密度的变化情况

注:三角形表示前身中子星 PSR J0740+6620 的半径和中心能量密度,对应的前身中子星 PSR J0740+6620 的质量取 $M=2.08M_{\odot}$,计算采用核子耦合参数 GM1。

前身中子星的中心能量密度随中心重子密度的变化情况如图 4.2−10 所示，其类似于图 4.2−4 给出的前身中子星能量密度与重子密度的关系，可见，考虑到广义相对论的引力效应，前身中子星的中心能量密度与中心重子密度的关系也偏离了正比例关系。这表明，要获得相同的前身中子星的质量 $M=2.08M_{\odot}$，考虑到广义相对论引力效应，所要求的中心能量密度减小了。

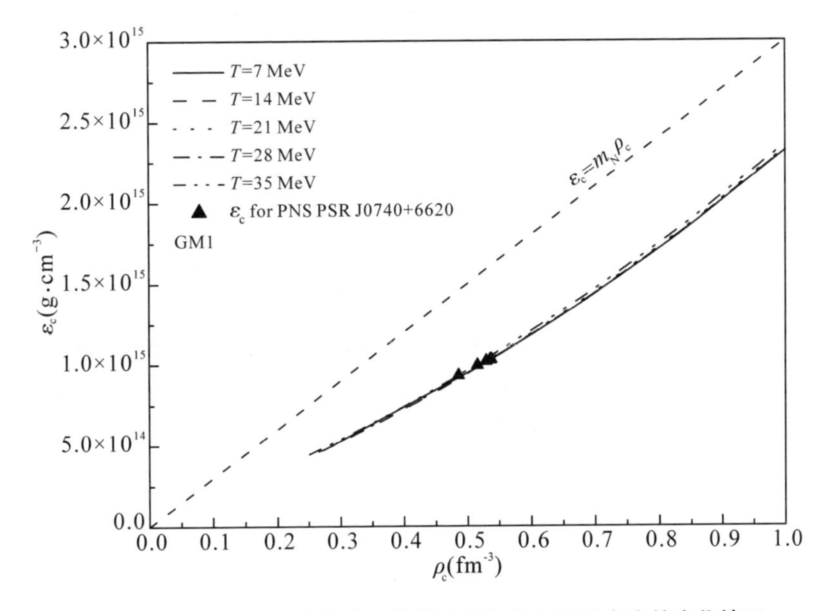

图 4.2−10　前身中子星的中心能量密度随中心重子密度的变化情况

注：三角形表示前身中子星 PSR J0740+6620 的中心能量密度，对应的前身中子星 PSR J0740+6620 的质量取 $M=2.08M_{\odot}$，计算采用核子耦合参数 GM1。

4.2.4　前身中子星的表面引力红移

前身中子星的表面引力红移随中心能量密度的变化情况如图 4.2−11 所示。由图 4.2−11 可知，前身中子星 PSR J0740+6620 的表面引力红移随着中心能量密度的增大而增大。相对于同一中心能量密度，随着温度的升高前身中子星的表面引力红移减小。并且，随着温度的升高，前身中子星 PSR J0740+6620 的中心能量密度减小。这意味着，对于前身中子星 PSR J0740+6620 来说，要想得到质量 $M=2.08M_{\odot}$，随着温度的升高，将会在较小的能量密度下实现。

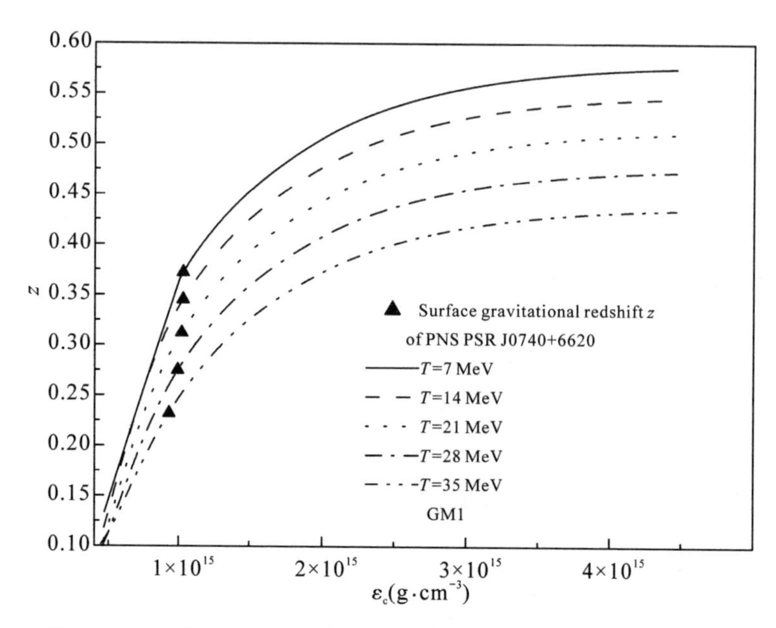

图 4.2-11　前身中子星的表面引力红移随中心能量密度的变化情况

注:三角形表示前身中子星 PSR J0740+6620 的表面引力红移,对应的前身中子星 PSR J0740+6620 的质量取 $M=2.08M_{\odot}$,计算采用核子耦合参数 GM1。

前身中子星的表面引力红移随半径的变化情况如图 4.2-12 所示 。

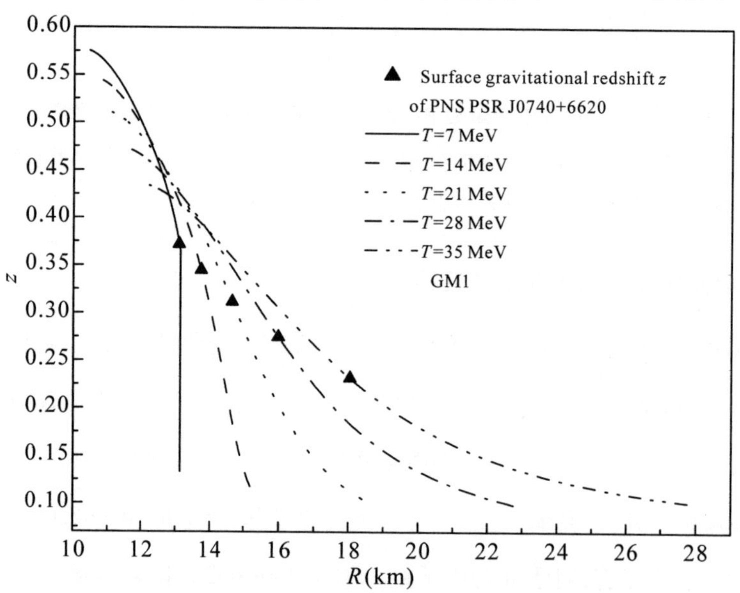

图 4.2-12　前身中子星的表面引力红移随半径的变化情况

注:三角形表示前身中子星 PSR J0740+6620 的表面引力红移,对应的前身中子星 PSR J0740+6620 的质量取 $M=2.08M_{\odot}$,计算采用核子耦合参数 GM1。

由图 4.2−12 可知,前身中子星 PSR J0740+6620 的表面引力红移随着半径的增大而减小。对于同一半径,随着温度的升高,前身中子星 PSR J0740+6620 的表面引力红移增大。前身中子星 PSR J0740+6620 的表面引力红移随着温度的升高而减小。

前身中子星的表面引力红移随质量的变化情况如图 4.2−13 所示。

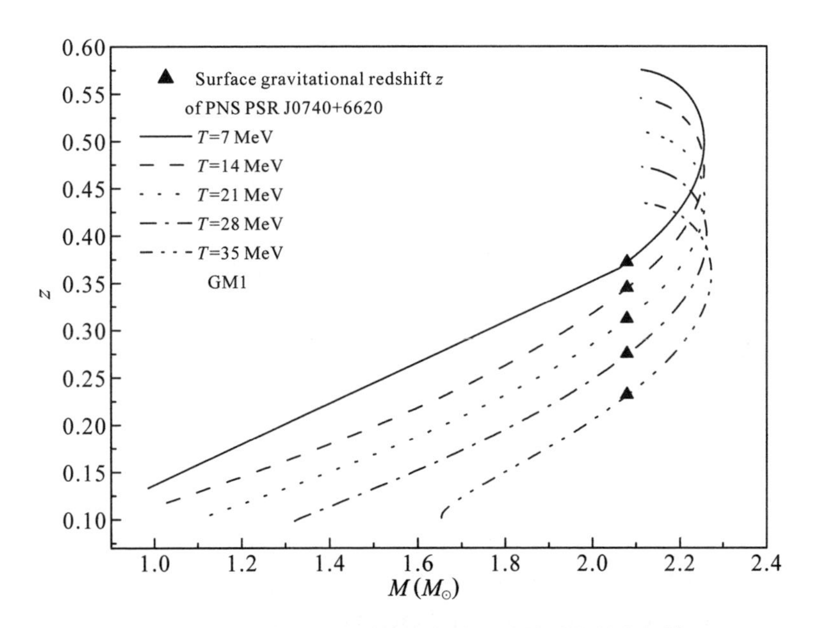

图 4.2−13 前身中子星的表面引力红移随质量的变化情况

注:三角形表示前身中子星 PSR J0740+6620 的表面引力红移,对应的前身中子星 PSR J0740+6620 的质量取 $M=2.08M_{\odot}$,计算采用核子耦合参数 GM1。

由图 4.2−13 可知,前身中子星 PSR J0740+6620 的表面引力红移随着质量的增大而增大。达到质量的最大值之后,前身中子星 PSR J0740+6620 的表面引力红移随着质量的增大而减小。这一段曲线表示了不稳定的前身中子星。由图 4.2−13 还可以看到,相对于同一质量,随着温度的升高,前身中子星 PSR J0740+6620 的表面引力红移减小。

前身中子星表面引力红移的计算公式参考式(4.2−2):

$$z=\frac{\omega(\infty)}{\omega(R)}-1=\left(1-\frac{2M}{R}\right)^{-\frac{1}{2}}-1 \tag{4.2-2}$$

由式(1.4-20)可知,前身中子星的表面引力红移随着质量半径比的增大而增大。因此,前身中子星的表面引力红移与质量半径比密切相关。

前身中子星的质量半径比随中心能量密度的变化情况如图 4.2-14 所示。

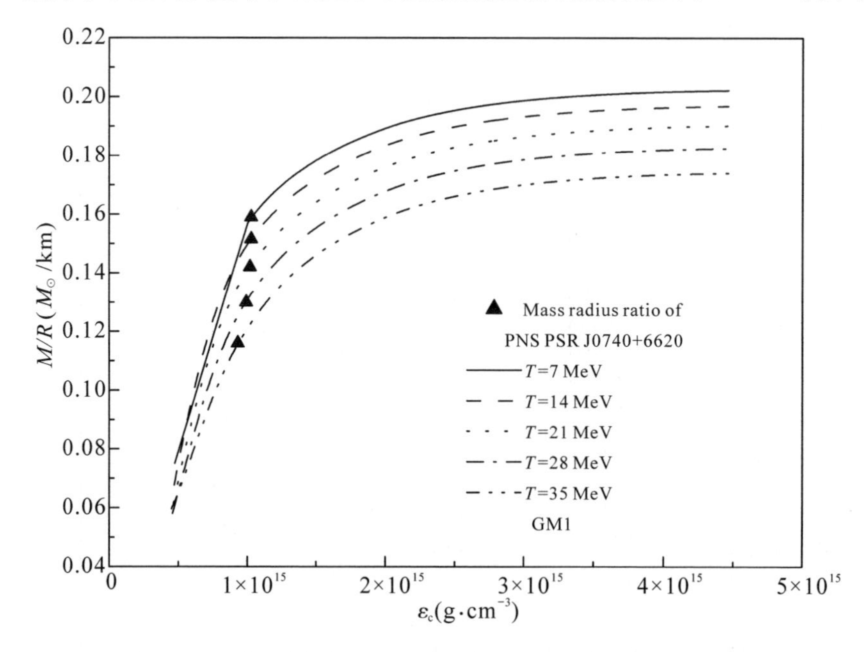

图 4.2-14　前身中子星的质量半径比随中心能量密度的变化情况

注:三角形表示前身中子星 PSR J0740+6620 的质量半径比,对应的前身中子星 PSR J0740+6620 的质量取 $M=2.08M_\odot$,计算采用核子耦合参数 GM1。

由图 4.2-14 可知,前身中子星的质量半径比随着中心能量密度的增大而增大。也就是说,前身中子星的中心能量密度越大,质量半径比也越大;前身中子星的中心能量密度越小,质量半径比也越小。相对于同一中心能量密度,随着温度的升高,前身中子星的质量半径比减小。

前身中子星的质量半径比随温度的变化情况如图 4.2-15 所示。由图 4.2-15 可知,前身中子星 PSR J0740+6620 的质量半径比随着温度的升高而减小。温度越高,其质量半径比越小;温度越低,其质量半径比越大。

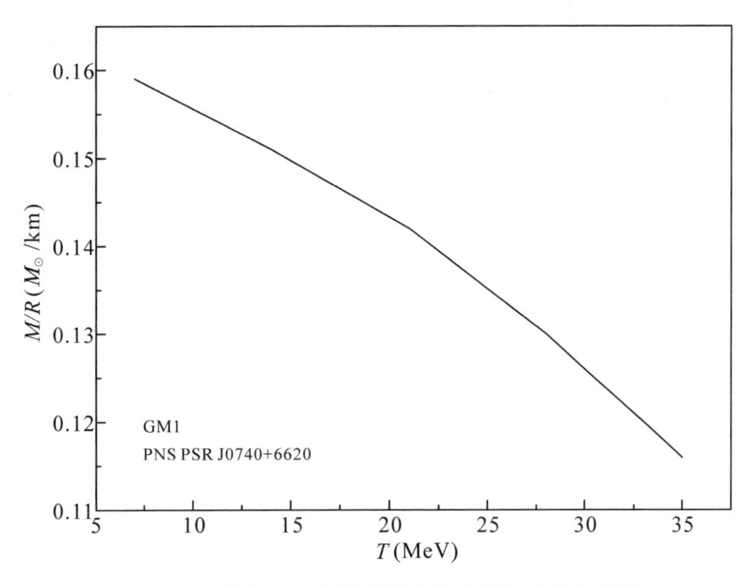

图 4.2-15　前身中子星的质量半径比随温度的变化情况

注：前身中子星 PSR J0740+6620 的质量取 $M=2.08M_\odot$，计算采用核子耦合参数 GM1。

前身中子星的表面引力红移随质量半径比的变化情况如图 4.2-16 所示。

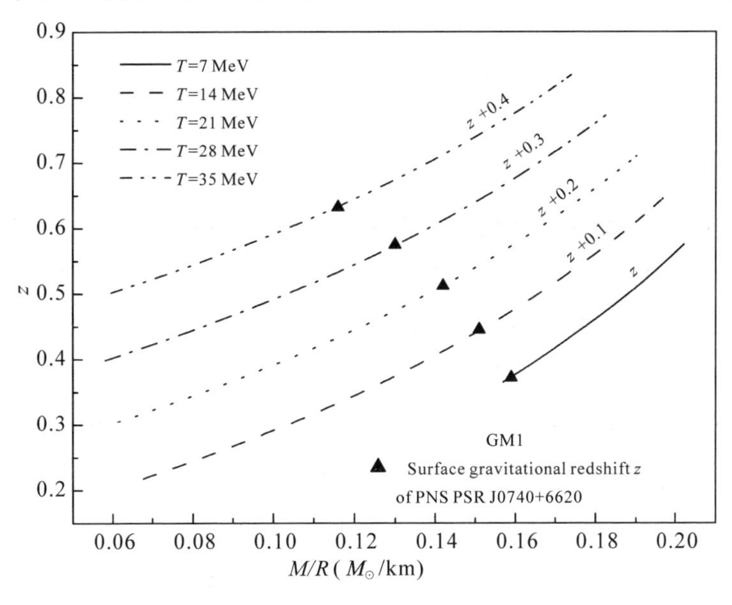

图 4.2-16　前身中子星的表面引力红移随质量半径比的变化情况

注：三角形表示前身中子星 PSR J0740+6620 的表面引力红移，对应的前身中子星 PSR J0740+6620 的质量取 $M=2.08M_\odot$，计算采用核子耦合参数 GM1。为了使不同温度下的表面引力红移能够分开，当温度分别取 7 MeV、14 MeV、21 MeV、28 MeV、35 MeV 时，图中的表面引力红移依次加 0.1，即 $z \to z+0.1$。

由图 4.2-16 可知，前身中子星 PSR J0740+6620 的表面引力红移随着质量半径比的增大而增大。随着温度的升高，前身中子星 PSR J0740+6620 的表面引力红移减小。这个结果也可以从图 4.2-17 中看到。

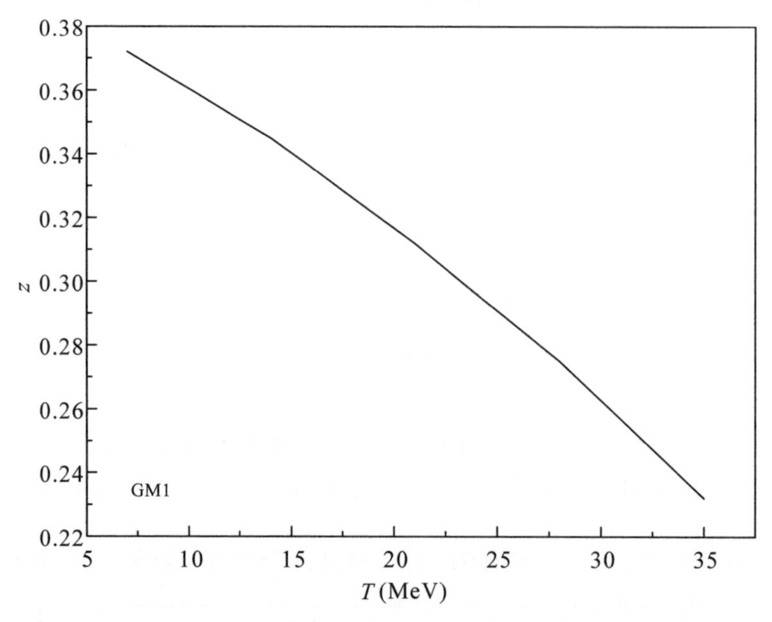

图 4.2-17　前身中子星 PSR J0740+6620 的表面引力红移随温度的变化情况

注：前身中子星 PSR J0740+6620 的质量取 $M=2.08M_{\odot}$，计算采用核子耦合参数 GM1。

4.2.5　总结

本小节利用相对论平均场理论，考虑到重子八重态，计算研究了温度对前身中子星 PSR J0740+6620 表面引力红移的影响。计算中核子耦合参数取 GM1，前身中子星的温度分别取 7 MeV、14 MeV、21 MeV、28 MeV、35 MeV。

前身中子星的质量随着中心重子密度的增大而增大。对于同一中心重子密度，前身中子星的质量随着温度的升高而增大。对于前身中子星质量 $M=2.08M_{\odot}$，其中心重子密度随着温度的升高而减小。前身中子星的半径随着中心重子密度的增大而减小。相对于同一中心重子密度，随着温度的升高，前身中子星的半径增大。对于前身中子星 PSR J0740+6620 来说，随着温度的升高，其半径增大。

前身中子星的能量密度随着重子密度的增大而增大。相对于同一重子密度，随着温度的升高，前身中子星的能量密度增大了。在质量 $M=2.08M_{\odot}$ 的约束下，随着温度的升高，前身中子星 PSR J0740+6620 的能量密度减小。前身中子星

PSR J0740+6620 的压强随着重子密度的增大而增大。相对于同一重子密度,当温度由 7 MeV 升高到 28 MeV 时,前身中子星的压强减小;而当温度由 28 MeV 升高到 35 MeV 时,前身中子星的压强反而增大。相对于同一重子密度,随着温度的升高,前身中子星的压强有一个最大值。前身中子星 PSR J0740+6620 的中心压强随着温度的升高而减小。前身中子星的半径随着中心能量密度或中心重子密度的增大而减小。对应于同一中心能量密度或者中心重子密度,随着温度的升高前身中子星的半径增大。

考虑到广义相对论的引力效应,前身中子星的中心能量密度与中心重子密度的关系偏离了正比例关系。要获得相同的前身中子星的质量 $M=2.08M_{\odot}$,考虑到广义相对论引力效应,所要求的中心能量密度减小。

前身中子星的表面引力红移随着中心能量密度的增大而增大。相对于同一中心能量密度,随着温度的升高前身中子星的表面引力红移减小。随着温度的升高,前身中子星 PSR J0740+6620 的中心能量密度减小。

前身中子星的表面引力红移随着半径的增大而减小。对于同一半径,随着温度的升高,前身中子星的表面引力红移增大。前身中子星 PSR J0740+6620 的表面引力红移随着温度的升高而减小。前身中子星的表面引力红移随着质量的增大而增大。相对于同一质量,随着温度的升高,前身中子星的表面引力红移减小。

前身中子星的质量半径比随着中心能量密度的增大而增大。相对于同一中心能量密度,随着温度的升高,前身中子星的质量半径比减小。前身中子星 PSR J0740+6620 的质量半径比随着温度的升高而减小。前身中子星的表面引力红移也随着质量半径比的增大而减小。随着温度的升高,前身中子星 PSR J0740+6620 的表面引力红移也减小。

参考文献

[1] Glendenning N K. Compact Stars: Nuclear Physics, Particle Physics, and General Relativity [M]. New York: Springer-Verlag, New York, Inc, 1997.

[2] Ding W B, Cai M D, Chan A H, et al. The impact of dark matter on neutron stars with antikaon condensations[J]. Int J. Mod. Phys. A, 2022, 37: 2250034.

[3] Mu X L, Jia H Y, Zhou Z, et al. Effects of theσ^* and φ mesons on the properties of massive protoneutron stars[J]. Astrphys. J. 2017, 846: 140.

[4] Li Y X, Chen H Y, Wen D H, et al. Constraining the nuclear symmetry energy and properties of the neutron star from GW170817 by Bayesian analysis[J]. Eur. Phys. J. A, 2021, 57: 31.

[5] Gao Z F, Wang N, Shan H, et al. Thedipole magnetic field and spin-down evolutions of the high braking index pulsar[J]. Astrphys. J., 2017, 849: 19.

[6] Deng Z L, Gao Z F, Li X D, et al. On theformation of PSR J1640+2224: a neutron star born massive? [J]. Astrphys. J., 2020, 892: 4.

[7] Demorest P B, Pennucci T, Ransom S M, et al. A two-solar-mass neutron star measured using Shapiro delay[J]. Nature, 2010, 467: 1081.

[8] Fonseca E, Pennucci T T, Ellis J A, et al. The NANOGravnine-year data set: mass and geometric measurements of binary millisecond pulsars [J]. Astrphys. J., 2016, 832: 167.

[9] Antoniadis J, Freire P C C, Wex N, et al. Amassive pulsar in a compact relativistic binary [J]. Science, 2013, 340: 448.

[10] Cromartie H T, Fonseca E, Ransom S M, et al. Relativistic Shapiro delay measurements of an extremely massive millisecond pulsar [J]. Nat. Astron., 2020, 4: 72.

[11] Fonseca E, Cromartie H T, Pennucci T T, et al. Refinedmass and geometric measurements of the high-mass PSR J0740+6620[J]. Astrophys. J. Lett., 2021, 915: L12.

[12] Miller M C, Lamb F K, Dittmann A J, et al. The radius of PSR J0740+6620 from NICER and XMM-NEWTON data[J]. Astrophys. J. Lett., 2021, 918: L28.

[13] Burrows A, Lattier J M. The birth of neutron stars[J]. Astrophy., 1986, 307: 178.

[14] Glendenning N K. Finite temperature metastable matter [J]. Phys. Lett. B, 1987, 185: 275.

[15] Glendenning N K. Hot metastable state of abnormal matter in relativistic nuclear field theory [J]. Nucl. Phys. A, 1987, 469: 600.

[16] Zhou S G. Multidimensionally onstrained covariant density functional heories—nuclear shapes and potential energy surfaces[J]. Phys. Scr., 2016, 91: 063008.

[17] Lee S J, Fink J, Balantekin A B, et al. Relativistic Hartree calculations for axially deformed nuclei[J]. Phys. Rev. Lett., 1986, 57: 2916.

[18] Glendenning N K. Neutron stars are giant hypernuclei? [J]. Astrphys. J., 1985, 293: 470.

[19] Glendenning N K, Moszkowski S A. Reconciliation of neutron-star masses and binding of the Lambda in hypernuclei [J]. Phys. Rev. Lett., 1991, 67: 2414.

[20] Todd-Rutel B G, Piekarewicz J. Neutron-rich nuclei and neutron stars: a new accurately calibrated interaction for the study of neutron-rich matter[J]. Phys. Rev. Lett., 2005, 95: 122501.

[21] Laura T, Mario C, Angels R. The equation of state for the nucleonic and hyperonic core of

neutron stars[J]. Publ. Astron. Soc. Aust., 2017, 34: e065.

[22] Zhao X F. The composition of baryon in the proto neutron star PSR J0348+0432[J]. Int. J. Theor. Phys., 2019, 58: 1060.

[23] Schaffner-Bielich J, Gal A. Properties of strange hadronic matter in bulk and in finite systems [J]. Phys. Rev. C, 2000, 62: 034311.

[24] Weissenborn S, Chatterjee D, Schaffner-Bielich J. Hyperons and massive neutron stars: the role of hyperon potentials [J]. Nucl. Phys. A, 2012, 881: 62.

[25] Gal A, Hungerford E V, Millener D J. Strangeness in nuclear physics[J]. Rev. Mod. Phys., 2016, 88: 035004.

[26] Batty C J, Friedman E, Gal A. Strong interaction physics from hadronic atoms[J]. Phys. Rep., 1997, 287: 385.

[27] Harada T, Hirabayashi Y, Umeya A. Production of doubly strange hypernuclei via Ξ^- doorways in the $^{16}O(K^-, K^+)$ reaction at 1.8 GeV/c[J]. Phys. Lett. B, 2010, 690: 363.

[28] Schaffner J, Mishustin I N. Hyperon-rich matter in neutron stars[J]. Phys. Rev. C, 1996, 53: 1416.

[29] Prakash M, Bombaci I, Prakash M, et al. Composition and structure of protoneutron stars[J]. Phys. Rep. 1997, 280: 1.

[30] Nicotra O E, Baldo M, Burgio G F, et al. Protoneutron stars within the Brueckner-Bethe-Goldstone theory[J]. Astron. Astrophys., 2006, 451: 213.

[31] Burgio G F, Baldo M, Nicotra O E, et al. A microscopic equation of state for protoneutron stars[J]. Astrophys Space Sci., 2007, 308: 387.

[32] Dexheimer V, Schramm S. Proto-neutron and neutron stars in a chiral SU(3) model[J]. Astrphys. J., 2008, 683: 943.

[33] Sawai H, Yamada S, Suzuki H. Global simulations of magnetorotational instability in the collapsed core of a massive star [J]. Astrphys. J. Lett., 2013, 770: L19.

[34] Gulminelli F, Raduta Ad R, Oertel M, et al. Strangeness-driven phase transition in (proto) neutron star matter[J]. Phys. Rev. C, 2013, 87: 055809.

[35] Camelio G, Gualtieri L, Pons J A, et al. Spin evolution of a proto-neutron star[J]. Phys. Rev. D, 2016, 94: 024008.

[36] Wynn C G Ho. Constraining the geometry of the neutron star RX J1856.5-3754[J]. Mon. Not. R. Astron. Soc., 2007, 380: 71.

[37] Hendi S H, Bordbar G H, Panah B E, et al. Neutron stars structure in the context of massive gravity[J]. J. Cosmol. Astropart. P., 2017, 7: 4.

5 超子在饱和核物质中的势阱深度对前身中子星 PSR J0740+6620 的影响

5.1 超子在饱和核物质中的势阱深度对前身中子星 PSR J0740+6620 性质的影响

对于中子星物质，核子之间的相互作用以及超子之间的相互作用都需要考虑到。超子之间的耦合参数依赖于超子在饱和核物质中的势阱深度[1]。

(1)超子 Λ 在饱和核物质中的势阱深度。1988 年，Millener 等分析了(π^+，K^+)和(K^-，π^-)的反应，获得了 Λ 超核能级谱数据，以及密度依赖和非局域 Λ-核子势。他们将结果与以前的研究联系起来，这些研究涉及 Λ-核子势的密度依赖性和非定域性的起源。他们认为，可区分的 Λ 粒子提供了核物理中单粒子壳结构的一个最佳例子。他们的研究结果表明，超子 Λ 在饱和核物质中的势阱深度(记为 $U_{\Lambda}^{(N)}$)应该为-27～28 MeV[2]。

2015 年，Haidenbauer 等研究了超子-核子势在介质内的性质。从手征有效场理论出发，并结合 ΛN 和 ΣN 散射数据，基于常规的 g 矩阵，他们计算了核物质中超子 Λ 和 Σ 的单粒子势。他们发现，Σ-核子势是排斥的，这与实验结果一致。弱的 Λ-核子自旋-轨道相互作用可以通过适当调整对应于反对称 ΛN-ΣN 自旋-轨道相互作用的低能常数来实现。他们的研究结果表明，超子 Λ 在饱和核物质中的势阱深度应该为-25 MeV 或者-36 MeV[3]。

2016 年，Gal 等的研究结果表明，超子 Λ 在饱和核物质中的势阱深度应该为-30 MeV[4]。

(2)超子 Σ 在饱和核物质中的势阱深度。1984 年，Dover 等将核势分解为中心和自旋轨道部分，每个部分都与同位旋有关。对于核子，他们阐明了同位旋相关 Lane 势 V_{1N} 的微观起源。他们将这些结果与基于夸克模型的预测进行了对比。根据 S 波和 P 波两体相互作用,对于超子 Σ 的 Lane 势,其深度($V_{1\Sigma}$)应该为 50~60 MeV[5]。

1989 年,Dover 等对 Σ 超核的产生机制和光谱学进行了严格的检查,以期在一致的框架内理解 Σ 与核子 N 和原子核相互作用的数据。利用(K^-,$\pi^\pm$)反应中 Σ-原子和准自由 Σ 产生的数据来推导 Σ-核子势阱深度的信息。从原子核中 ΣN 有效相互作用势($V_{\Sigma N}$)的几个参数化开始,他们对 p 壳层 Σ 超核的能谱进行了一系列壳层模型计算。$V_{\Sigma N}$ 的模型是由单玻色子交换对自由空间 ΣN 散射数据的描述所驱动的。他们分离出最优的实验案例,用于研究这种相干效应以及 $V_{\Sigma N}$ 的其他组成部分,例如自旋轨道部分。单粒子 Σ-核子势是否足够深,足以支持准稳定态谱,在实验上是不清楚的。在某些情况下,它们的宽度取决于同位旋纯度和 $V_{\Sigma N}$ 引起的构型混合程度。他们用畸变波的 Born 近似估计了(K^-,$\pi^\pm$)反应中所选的 Σ 超核态的产生截面。根据得出的结果,他们提出了几个实验方案,这些实验可能会解决有关 ΣN 和 Σ-原子核相互作用的一些悬而未决的问题。他们的研究结果表明,超子 Σ 在饱和核物质中的势阱深度(记为 $U_\Sigma^{(N)}$)应该为 20~30 MeV[6]。

1995 年,Mares 等利用相对论平均场方法构建的 Σ 核子光学势分析了 Σ 原子的强相互作用能级位移和宽度。经过分析,他们得到了核内部具有排斥实部的势。这些数据足以确定矢量介子-超子耦合的大小,确定了超子 Σ 在饱和核物质中的势阱深度为 25~30 MeV[7]。

2004 年,Kohno 等建立了半经典畸变波模型,描述了在 KEK 测量到的与 Σ^- 层相关的(π^-,K^+)光谱。^{28}Si 靶上谱的形状和大小可以由一个排斥性 Σ-核势再现出来,其强度在 30~50 MeV 之间。这个强度并没有实验报告中给出的估计强度那么大[8]。

2005 年,为了检验 Σ 原子的 Σ-核子势是否可以解释实验(π,K)数据,Harada 等在一个扭曲波脉冲近似的框架下,对初等 π+p→K+Σ 的 t 矩阵进行最佳费米平均,通过在^{28}Si 靶上的(π,K)反应来评估 Σ 超核的产生。通过对 Σ 原子 X 射线数据的拟合,计算了^{28}Si(π,K)反应 Σ-Al^{27} 的几个 Σ-核子(光学)势,并将计算谱与 KEK 的(π,K)实验数据进行了详细对比。结果表明,核表面内具有斥力,核表面外具有吸收量较大的吸引力势能,该吸引力势能能够很好地再现^{28}Si(π,K)数据;π+p→K+Σ 反应的最佳费米平均也能够很好地描述 Σ 准自由谱中的能量依赖性。这是同时解释 Σ 原子 X 射线数据和(π,K)反应的第一次成功尝试。结果给出超子 Σ 在饱和核物质中的势阱深度为 10~40 MeV[9]。

2006 年,在畸变波脉冲近似的框架下,Harada 等从理论上研究了中子过剩^{209}Bi 靶上包含(π,K)反应的 Σ 超核的产生,并对初等 π+p→K+Σ 的 t 矩阵进行了最佳费米平均。为了研究用等标量分量和等矢量分量构造的 Σ-核子势,他们用 Σ-^{208}Pb 的几个 Σ-核子(光学)势与 Σ 原子 X 射线数据拟合,比较了^{209}Bi(π,K)反应的计算谱与 KEK 的实验数据。他们的分析证实,在核表面内具有斥力,在核表面外具有吸收量相当大的吸引力的势可以很好地再现这些实验数据。但在重核内部,这些势的径向分布仍然难以区分。等矢量分量在势中的贡献不是由^{209}Bi(π,K)谱唯一决定的。结果同样给出了超子 Σ 在饱和核物质中的势阱深度为 10~40 MeV[10]。2006 年,Kohno 等根据实验数据计算出了超子 Σ 在饱和核物质中的势阱深度为 10~30 MeV[11]。在 2010 年,Kohno 等又计算出了超子 Σ 在饱和核物质中的势阱深度为 10~20 MeV[12]。

2015 年,Haidenbauer 等计算出的超子 Σ 在饱和核物质中的势阱深度为 15~20 MeV[3]。2016 年,Gal 等计算出的超子 Σ 在饱和核物质中的势阱深度为(30±20)MeV[4]。

(3)超子 Ξ 在饱和核物质中的势阱深度。研究结果表明,超子 Ξ 在饱和核物质中的势阱深度的数值不确定性较大。

1983 年,Dover 等得到的超子 Ξ 在饱和核物质中的势阱深度(记为 $U_{\Xi}^{(N)}$)为 -24~-21 MeV[13]。1984 年,他们又确定了其数值为-25~30 MeV[5]。

1994 年,Schaffner 等确定的超子 Ξ 在饱和核物质中的势阱深度为 -28 MeV[14]。

1998 年,Fukuda 等确定的势阱深度为-16 MeV[15]。2000 年 Khaustov 等和 2010 年 Harada 等确定的势阱深度为-14 MeV[16-17]。

2010 年,Kohno 等确定的超子 Ξ 在饱和核物质中的势阱深度为-15 MeV[18],或者为 0 MeV[12]。2016 年,Gal 等确定的势阱深度为-15 MeV[4]。2019 年,Haidenbauer 等确定的势阱深度为-5~-3 MeV[3]。2021 年,Friedman 等确定的势阱深度为-20 MeV[19]。2022 年,Hu 等计算得到的势阱深度为(-11.96±0.85) MeV[20]。

由于超子 Ξ 在饱和核物质中的势阱深度具有很大的不确定性，因此，有必要研究这种不确定性对中子星物质的影响。

近年来，一系列大质量中子星的发现、研究对于了解中子星的演化、结构和高密度下核物质的性质是非常有意义的。这些大质量中子星有 PSR J1614-2230（2010，2016）[21-22]、PSR J0348+0432（2013）[23]和 PSR J0740+6620（2020）[24]。中子星 PSR J0740+6620 是迄今发现的质量最大的中子星，其质量为 $M = 2.14^{0.10}_{-0.09} M_{\odot}$，但是，目前关于它的前身中子星的研究还较少。2021 年，Fonseca 等（$M=2.08^{0.07}_{-0.07} M_{\odot}$）和 Miller 等（$R=13.7^{2.6}_{-1.5}$ km）对中子星 PSR J0740+6620 的质量和半径又进行了精确的测定[25-26]。

本小节利用相对论平均场理论，考虑到重子八重态，计算研究了超子 Ξ 在饱和核物质中的势阱深度对前身中子星 PSR J0740+6620 性质的影响。

5.1.1 计算理论和参数选取

前身中子星的相对论平均场理论见 1.1 节，我们可以利用 1.2 节的 TOV 方程来计算前身中子星的质量和半径。

为了计算前身中子星，我们采用以下 7 组核子耦合参数：NL1[27]、GL85[28]、GL97[1]、GM1[29]、FSUGold[30]、FSU2R[31]、FSU2H[31]。由于前身中子星的温度在刚形成的前几秒钟内可高达 30 MeV[32]，因此，取前身中子星 PSR J0740+6620 的温度 $T=15$ MeV。

我们利用式（2.1-1）、式（2.1-2）和式（2.1-3）定义超子与介子的耦合参数和核子与介子的耦合参数的比值。根据夸克结构的 SU(6) 对称性[31,33]来选择耦合参数比 $x_{\rho h}$。由于前身中子星的质量随着 $x_{\sigma h}$ 和 $x_{\omega h}$[33]的增大而增大，所以必须选择较大的耦合参数比 $x_{\omega h}$ 才能获得更大的前身中子星质量。这里，我们选择 $x_{\omega h}=0.9$，而 $x_{\sigma h}$ 由拟合超子在饱和核物质中的势阱深度计算式［式（2.1-4）］来求出。

根据重离子碰撞的实验结果，超子 Λ、Σ 在饱和核物质中的势阱深度分别取 $U_{\Lambda}^{(N)}=-30$ MeV[34-36]、$U_{\Sigma}^{(N)}=30$ MeV[34-37]。为了找出描述前身中子星的最合适的核子耦合参数，我们先选择超子 Ξ 在饱和核物质中的势阱深度 $U_{\Xi}^{(N)}=-20$ MeV[19]。介子 σ^*、φ 与超子之间的耦合参数的选取参考式（2.1-5）、式（2.1-6）和式(2.1-7)。

前身中子星的质量随半径的变化情况如图 5.1-1 所示,由图可知,核子耦合参数 GM1 计算得到的前身中子星的质量和半径与上述三种结果最符合。因此,接下来用核子耦合参数 GM1 来研究超子 Ξ 在饱和核物质中的势阱深度对前身中子星性质的影响。本研究中,超子 Ξ 在饱和核物质中的势阱深度分别取 0 MeV、-4 MeV、-8 MeV、-12 MeV、-16 MeV、-20 MeV。

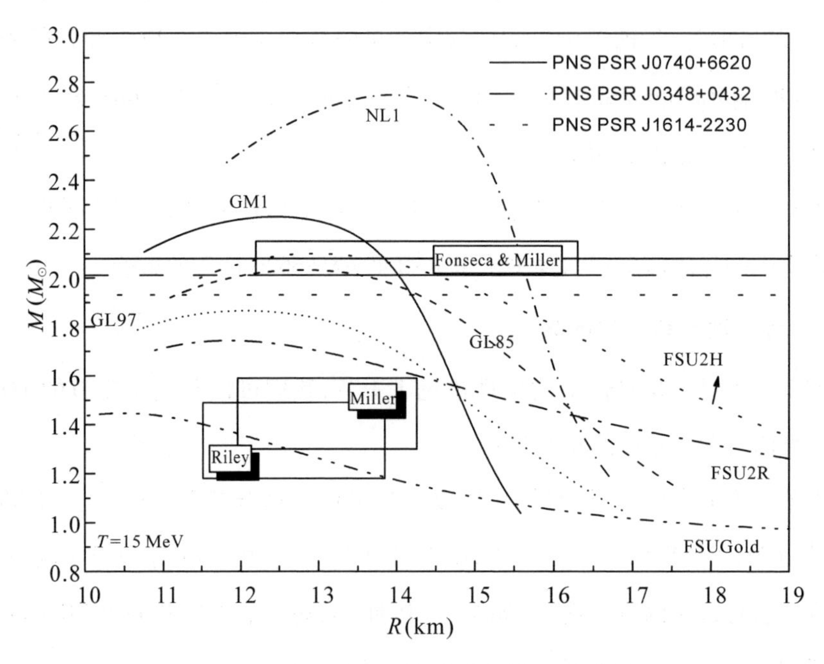

图 5.1-1 前身中子星的质量随半径的变化情况

注:计算中,前身中子星的温度取 T= 15 MeV,超子在饱和核物质中的势阱深度分别取 $U_{\Lambda}^{(N)}$ = -30 MeV、$U_{\Sigma}^{(N)}$ = +30 MeV、$U_{\Xi}^{(N)}$ = -20 MeV。三条粗横线分别表示前身中子星 PSR J1614-2230、PSR J0348+0432 和 PSR J0740+6620 的质量。三个方框内的区域分别表示 Fonseca 等和 Miller 等计算出的前身中子星 PSR J0740+6620 质量和半径的结果、Miller 等(M = $1.34^{+0.15}_{-0.16}M_{\odot}$,$R$ = $12.71^{+1.14}_{-1.19}$km)[39] 和 Riley 等(M = $1.44^{+0.15}_{-0.14}M_{\odot}$,$R$ = $13.02^{+1.24}_{-1.06}$km)[40] 计算出的前身中子星 PSR J0030+0451 质量和半径的结果。

5.1.2 前身中子星的质量、半径和中心重子密度

前身中子星的质量随中心能量密度的变化情况如图 5.1-2 所示。由图 5.1-2(a)可知,前身中子星的质量先随着中心能量密度的增大而增大(曲线的左半部分),达到峰值(最大质量)后,前身中子星的质量又随着中心能量密度的

增大而减小(右半部分)。曲线的右半部分对应不稳定的前身中子星,而左半部分则对应着稳定的前身中子星。因此,我们用曲线的左半部分来研究前身中子星的质量。由图 5.1-2(b)可知,对于同一中心能量密度,前身中子星的质量随着超子 Ξ 在饱和核物质中势阱深度绝对值的增大而减小。也就是说,对应于同一中心能量密度,超子 Ξ 在饱和核物质中的势阱深度越深,前身中子星的质量越小。

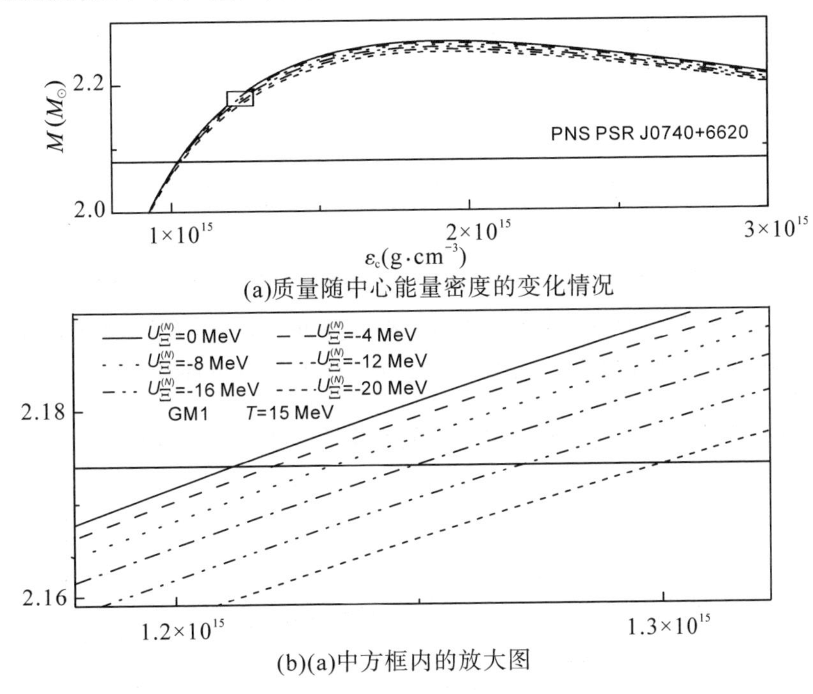

(a)质量随中心能量密度的变化情况

(b)(a)中方框内的放大图

图 5.1-2 前身中子星的质量随中心能量密度的变化关系

注:计算中,前身中子星的温度取 T=15 MeV,核子耦合参数取 GM1,超子 Λ、Σ 在饱和核物质中的势阱深度分别取 $U_{\Lambda}^{(N)}=-30$ MeV、$U_{\Sigma}^{(N)}=+30$ MeV,超子 Ξ 在饱和核物质中的势阱深度分别取 0 MeV、-4 MeV、-8 MeV、-12 MeV、-16 MeV、-20 MeV。

前身中子星的最大质量随超子 Ξ 在饱和核物质中的势阱深度的变化情况如图 5.1-3 所示。由图 5.1-3 可知,前身中子星的最大质量随着超子 Ξ 在饱和核物质中势阱深度绝对值的增大而减小。由图 5.1-3 还可知,当 $|U_{\Xi}^{(N)}|>8$ MeV 时,前身中子星的最大质量随着超子 Ξ 在饱和核物质中势阱深度绝对值的增大满足近似的正比例关系;当 $|U_{\Xi}^{(N)}|<8$ MeV 时,前身中子星的最大质量随着超子 Ξ 在饱和核物质中势阱深度绝对值的增大偏离正比例关系。

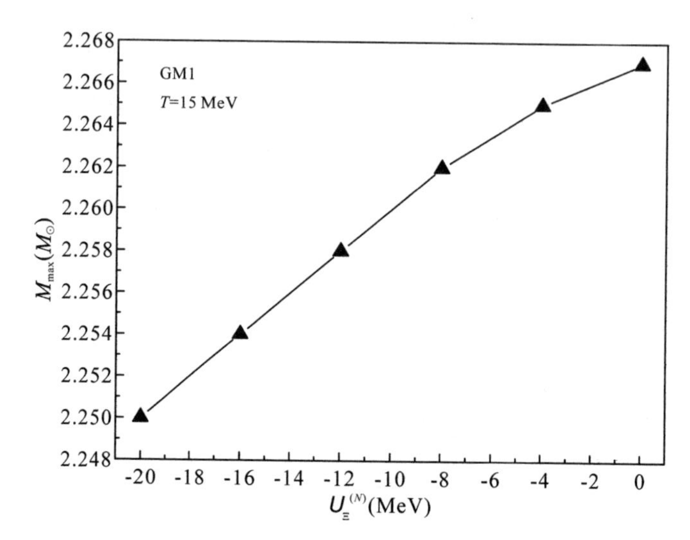

图 5.1-3　前身中子星的最大质量随超子 Ξ 在饱和核物质中的势阱深度的变化情况

注:计算中,前身中子星 PSR J0740+6620 的温度取 T= 15 MeV,核子耦合参数取 GM1,超子 Λ、Σ 在饱和核物质中的势阱深度分别取 $U_\Lambda^{(N)}=-30$ MeV、$U_\Sigma^{(N)}=+30$ MeV。

前身中子星的半径随中心能量密度的变化情况如图 5.1-4 所示。

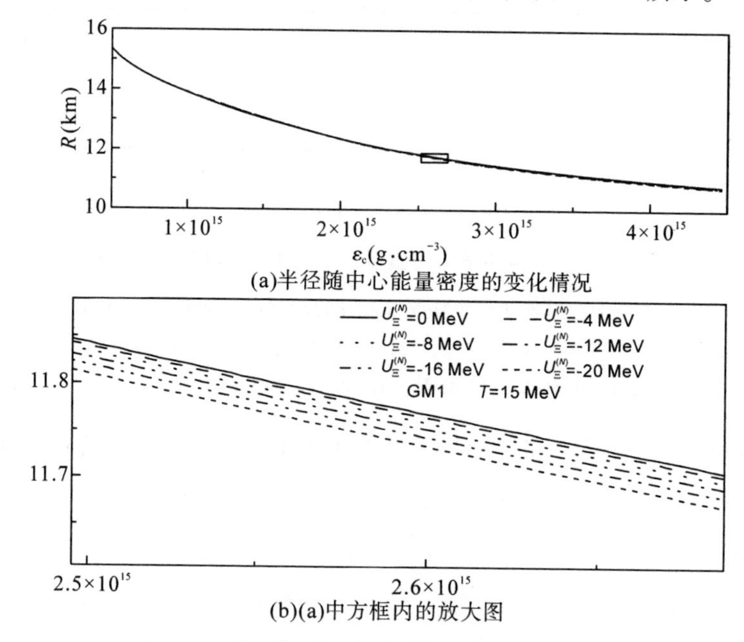

(a)半径随中心能量密度的变化情况

(b)(a)中方框内的放大图

图 5.1-4　前身中子星的半径随中心能量密度的变化情况

注:计算中,前身中子星的温度取 T= 15 MeV,核子耦合参数取 GM1,超子 Λ、Σ 在饱和核物质中的势阱深度分别取 $U_\Lambda^{(N)}=-30$ MeV、$U_\Sigma^{(N)}=+30$ MeV,超子 Ξ 在饱和核物质中的势阱深度分别取 0 MeV、−4 MeV、−8 MeV、−12 MeV、−16 MeV、−20 MeV。

由图 5.1-4(a)可知，前身中子星的半径随着中心能量密度的增大而减小。由图 5.1-4(b)可知，相对于同一中心能量密度，前身中子星的半径随着超子 Ξ 在饱和核物质中势阱深度绝对值的增大而减小。可见，超子 Ξ 在饱和核物质中的势阱深度对前身中子星的质量和半径的影响是一样的。

前身中子星的半径随超子 Ξ 在饱和核物质中的势阱深度的变化情况如图 5.1-5 所示。

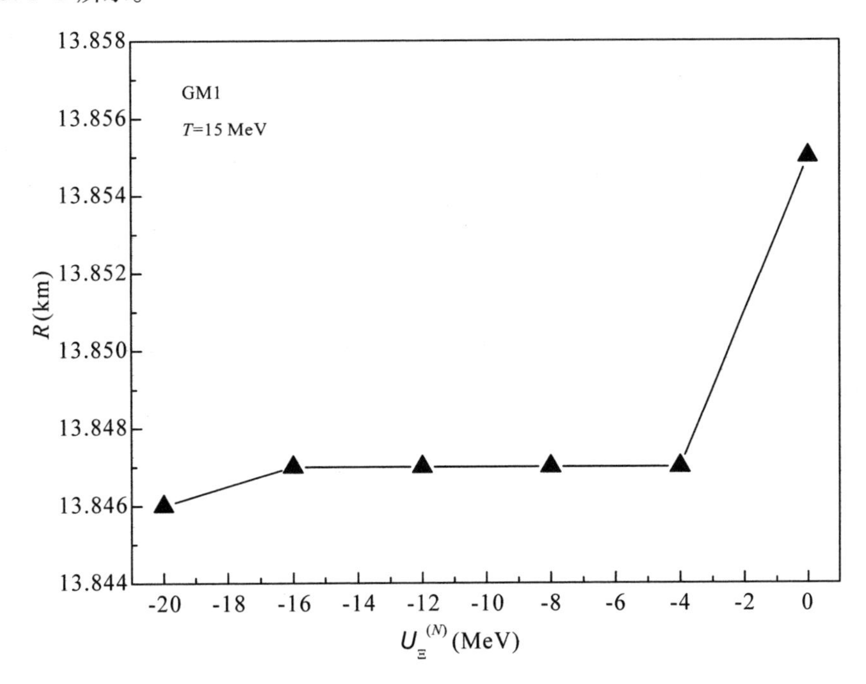

图 5.1-5　前身中子星的半径随超子 Ξ 在饱和核物质中的势阱深度的变化情况

注：计算中，前身中子星 PSR J0740+6620 的温度取 $T=15$ MeV，核子耦合参数取 GM1，超子 Λ、Σ 在饱和核物质中的势阱深度分别取 $U_{\Lambda}^{(N)}=-30$ MeV、$U_{\Sigma}^{(N)}=+30$ MeV。

由图 5.1-5 可知，前身中子星 PSR J0740+6620 的半径随着超子 Ξ 在饱和核物质中势阱深度绝对值的增大而减小。较深的超子 Ξ 在饱和核物质中的势阱深度将给出较小的前身中子星半径。当超子 Ξ 在饱和核物质中的势阱深度绝对值由 0 MeV 增大 20 MeV 时，前身中子星 PSR J0740+6620 的半径由 13.855 km 减小到 13.846 km(见表 5.1-1)，减小了约 0.06%。可见，前身中子星 PSR J0740+6620 的半径随超子 Ξ 在饱和核物质中势阱深度绝对值减小的幅度较小。

表 5. 1-1　本研究计算得到的前身中子星 PSR J0740+6620 的性质

$U_{\Xi}^{(N)}$ (MeV)	R (km)	ε_c ($\times 10^{15}$g·cm^{-3})	ρ_c (fm^{-3})	$\sigma_{0,c}$ (fm^{-1})	$\omega_{0,c}$ (fm^{-1})	$\rho_{03,c}$ (fm^{-1})	$\sigma_{0,c}^{*}$ (fm^{-1})	$\varphi_{0,c}$ (fm^{-1})	$\mu_{n,c}$ (fm^{-1})	$\mu_{e,c}$ (fm^{-1})
0	13. 855	1. 022	0. 533	0. 3639	0. 3563	0. 0488	0. 0116	0. 0094	6. 6777	1. 0149
−4	13. 847	1. 026	0. 535	0. 3646	0. 3575	0. 0488	0. 0121	0. 0098	6. 6874	1. 0143
−8	13. 847	1. 027	0. 536	0. 3650	0. 3581	0. 0488	0. 0126	0. 0102	6. 6906	1. 0119
−12	13. 847	1. 029	0. 536	0. 3641	0. 3562	0. 0486	0. 0126	0. 0102	6. 6710	1. 0065
−16	13. 847	1. 031	0. 537	0. 3656	0. 3586	0. 0486	0. 0140	0. 0114	6. 6870	1. 0012
−20	13. 846	1. 034	0. 538	0. 3663	0. 3591	0. 0484	0. 0151	0. 0124	6. 6848	0. 9924

注：其中，R、ε_c 和 ρ_c 分别表示前身中子星 PSR J0740+6620 的半径、中心能量密度和中心重子密度。$\sigma_{0,c}$、$\omega_{0,c}$、$\rho_{03,c}$、$\sigma_{0,c}^{*}$ 和 $\varphi_{0,c}$ 分别表示介子 σ、ω、ρ、σ*、φ 的中心场强度。$\mu_{n,c}$ 和 $\mu_{e,c}$ 分别表示中子 n 和电子 e 的中心化学势。前身中子星 PSR J0740+6620 的质量取 $M=2.08M_{\odot}$。

前身中子星的中心重子密度随超子 Ξ 在饱和核物质中的势阱深度的变化情况如图 5. 1-6 所示。

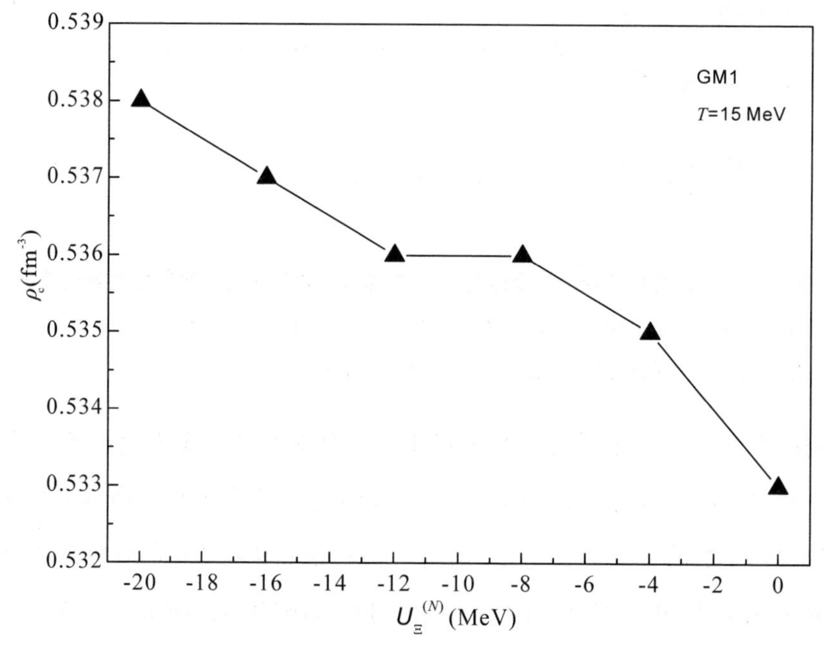

图 5. 1-6　前身中子星的中心重子密度随超子 Ξ 在饱和核物质中的势阱深度的变化情况

注：计算中，前身中子星的温度取 $T=15$ MeV，核子耦合参数取 GM1，超子 Λ、Σ 在饱和核物质中的势阱深度分别取 $U_{\Lambda}^{(N)}=-30$ MeV、$U_{\Sigma}^{(N)}=+30$ MeV。

由图 5.1-6 可知，前身中子星 PSR J0740+6620 的中心重子密度随着超子 Ξ 在饱和核物质中势阱深度绝对值的增大而增大。较深的超子 Ξ 在饱和核物质中的势阱深度将给出较大的中心重子密度。当超子 Ξ 在饱和核物质中的势阱深度绝对值由 0 MeV 增大到 20 MeV 时，前身中子星 PSR J0740+6620 的中心重子密度由 0.533 fm^{-3} 增大到 0.538 fm^{-3}（见表 5.1-1），增大了约 0.9%。

5.1.3　介子的场强度

介子 σ 的场强度随重子密度的变化情况如图 5.1-7 所示，图中镶嵌的小图表示介子 σ 的场强度随重子密度在整个前身中子星区域内的变化。由此可见，介子 σ 的场强度随着重子密度的增大而增大。相对于同一重子密度，介子 σ 的场强度随着超子 Ξ 在饱和核物质中势阱深度绝对值的增大而增大。这就是说，较深的超子 Ξ 在饱和核物质中的势阱深度会给出较大的介子 σ 的场强度。

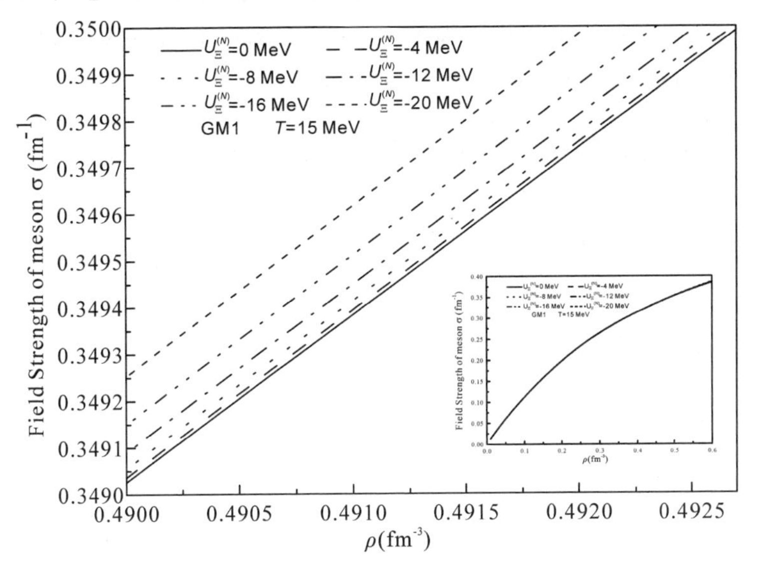

图 5.1-7　介子 σ 的场强度随重子密度的变化情况

注：计算中，前身中子星的温度取 T=15 MeV，核子耦合参数取 GM1，超子 Λ、Σ 在饱和核物质中的势阱深度分别取 $U_\Lambda^{(N)}=-30$ MeV、$U_\Sigma^{(N)}=+30$ MeV。

介子 ω 的场强度随重子密度的变化情况如图 5.1-8 所示，图中镶嵌的小图表示介子 ω 的场强度随重子密度在整个前身中子星区域内的变化。由此可见，介子 ω 的场强度随着重子密度的增大而增大。相对于同一重子密度，介子 ω 的场强度随着超子 Ξ 在饱和核物质中势阱深度绝对值的增大而减小。即是说，较深的超子 Ξ 在饱和核物质中的势阱深度会给出较小的介子 ω 的场强度。

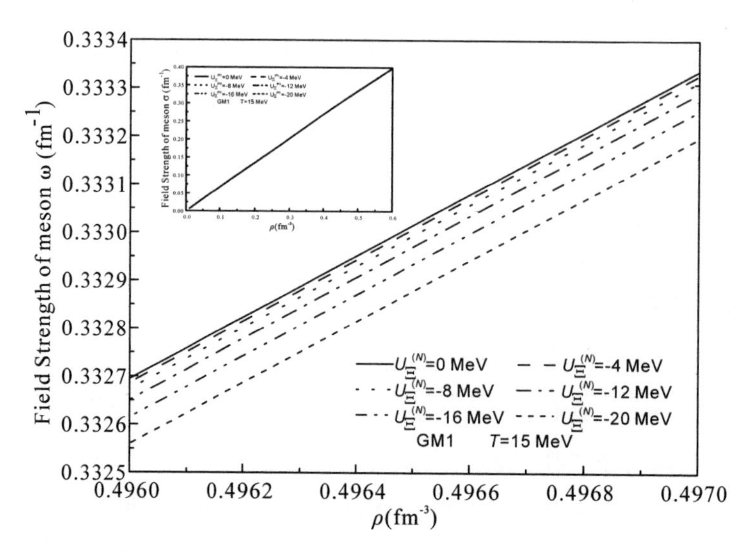

图 5. 1-8　介子 ω 的场强度随重子密度的变化情况

注:计算中,前身中子星的温度取 T= 15 MeV,核子耦合参数取 GM1,超子 Λ、Σ 在饱和核物质中的势阱深度分别取 $U_{\Lambda}^{(N)}=-30$ MeV、$U_{\Sigma}^{(N)}=+30$ MeV。

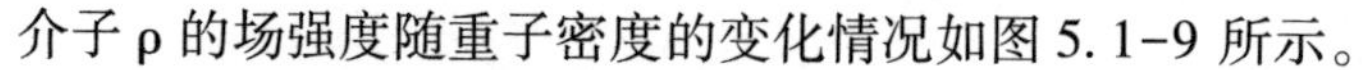
介子 ρ 的场强度随重子密度的变化情况如图 5. 1-9 所示。

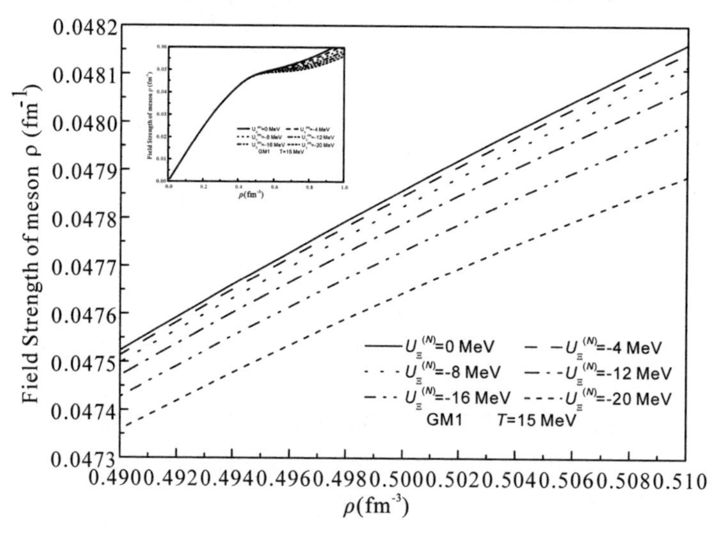

图 5. 1-9　介子 ρ 的场强度随重子密度的变化情况

注:计算中,前身中子星的温度取 T= 15 MeV,核子耦合参数取 GM1,超子 Λ、Σ 在饱和核物质中的势阱深度分别取 $U_{\Lambda}^{(N)}=-30$ MeV、$U_{\Sigma}^{(N)}=+30$ MeV。

图中镶嵌的小图表示介子 ρ 的场强度随重子密度在整个前身中子星区域内的变化。由此可见,介子 ρ 的场强度随着重子密度的增大而增大。相对于同一重子密度,介子 ρ 的场强度随着超子 Ξ 在饱和核物质中势阱深度绝对值的增大而减小。即是说,较深的超子 Ξ 在饱和核物质中的势阱深度会给出较小的介子 ρ 的场强度。

前身中子星内介子 σ、ω、ρ 的中心场强度随超子 Ξ 在饱和核物质中的势阱深度的变化情况如图 5.1-10 所示。

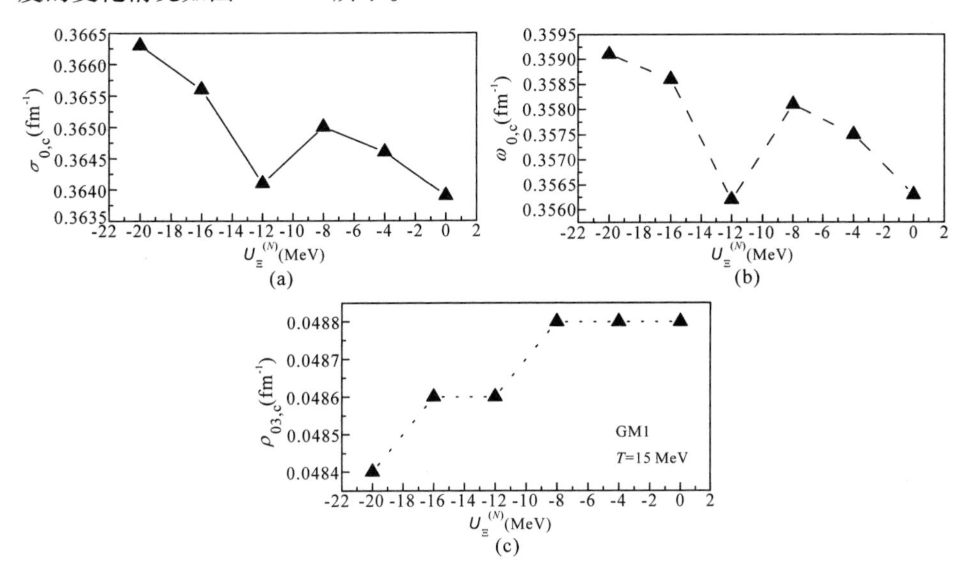

图 5.1-10 前身中子内介子 σ、ω、ρ 的中心场强度随超子 Ξ 在饱和核物质中的势阱深度的变化情况

注:计算中,前身中子星 PSR J0740+6620 的温度取 $T=15$ MeV,核子耦合参数取 GM1,超子 Λ、Σ 在饱和核物质中的势阱深度分别取 $U_{\Lambda}^{(N)}=-30$ MeV、$U_{\Sigma}^{(N)}=+30$ MeV。

由图 5.1-10(a)和(b)可知,介子 σ、ω 的中心场强度 $\sigma_{0,c}$ 和 $\omega_{0,c}$ 先随着超子 Ξ 在饱和核物质中势阱深度绝对值的减小而减小,在 $|U_{\Xi}^{(N)}|=12$ MeV 时达到最小值;之后,$\sigma_{0,c}$ 和 $\omega_{0,c}$ 随着 $|U_{\Xi}^{(N)}|$ 的减小而增大,在 $|U_{\Xi}^{(N)}|=8$ MeV 时达到最大值;之后,$\sigma_{0,c}$ 和 $\omega_{0,c}$ 随着 $|U_{\Xi}^{(N)}|$ 的减小而减小。由图 5.1-10(c)可知,介子 ρ 的中心场强度随着超子 Ξ 在饱和核物质中势阱深度绝对值的减小而增大。当超子 Ξ 在饱和核物质中的势阱深度绝对值由 20 MeV 减小到 0 MeV 时,介子 ρ 的中心场强度由 0.0484 fm^{-1} 增大 0.0488 fm^{-1}(见表 5.1-1),增大了约 0.8%。

介子 σ^*、φ 的场强度随重子密度的变化情况分别如图 5.1-11 和图 5.1-12 所示。由图可知,介子 σ^*、φ 的场强度都随着重子密度的增大而增大。相对于同一重子密度,介子 σ^*、φ 的场强度都随着超子 Ξ 在饱和核物质中势阱深度绝对值的增大而增大。

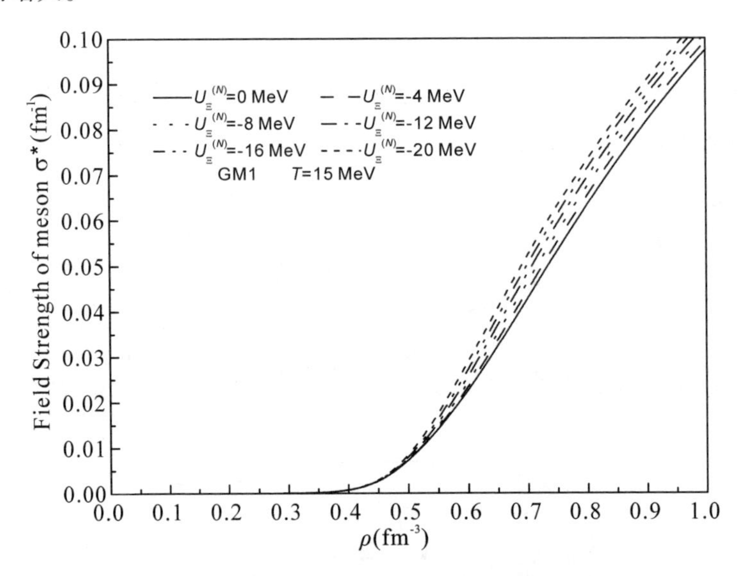

图 5.1-11 介子 σ^* 的场强度随重子密度的变化情况

注:计算中,前身中子星的温度取 $T=15$ MeV,核子耦合参数取 GM1,超子 Λ、Σ 在饱和核物质中的势阱深度分别取 $U_{\Lambda}^{(N)}=-30$ MeV、$U_{\Sigma}^{(N)}=+30$ MeV。

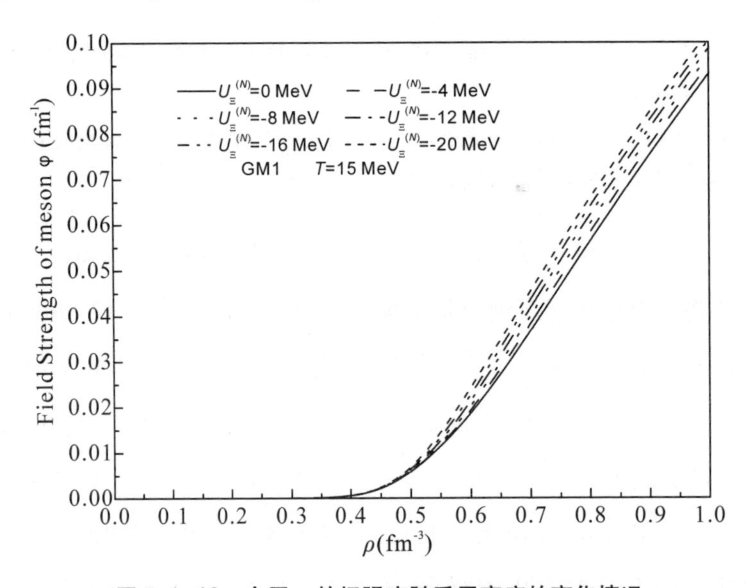

图 5.1-12 介子 φ 的场强度随重子密度的变化情况

注:计算中,前身中子星的温度取 $T=15$ MeV,核子耦合参数取 GM1,超子 Λ、Σ 在饱和核物质中的势阱深度分别取 $U_{\Lambda}^{(N)}=-30$ MeV、$U_{\Sigma}^{(N)}=+30$ MeV。

前身中子星内介子 σ*、φ 的中心场强度随超子 Ξ 在饱和核物质中的势阱深度的变化情况如图 5.1-13 所示。

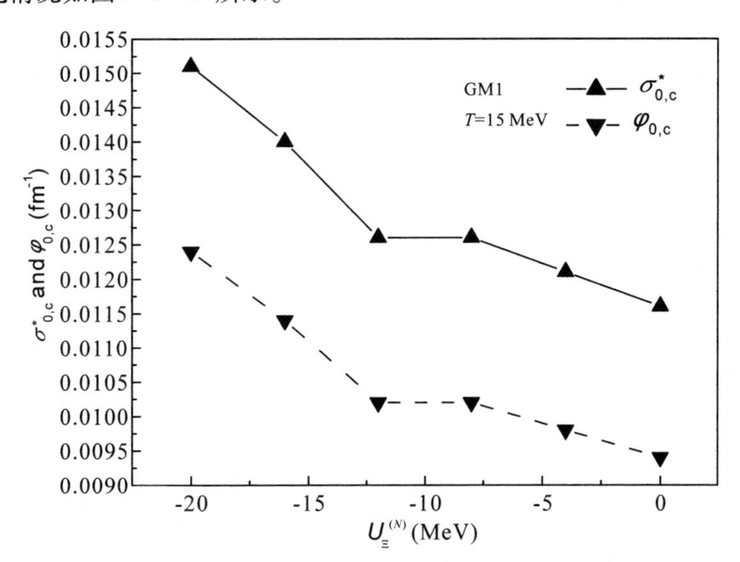

图 5.1-13　前身中子星内介子 σ* φ 的中心场强度随超子 Ξ 在饱和核物质中的势阱深度的变化情况

注：计算中，前身中子星 PSR J0740+6620 的温度取 T = 15 MeV，核子耦合参数取 GM1，超子 Λ、Σ 在饱和核物质中的势阱深度分别取 $U_{\Lambda}^{(N)} = -30$ MeV、$U_{\Sigma}^{(N)} = +30$ MeV。

由图 5.1-13 所示，介子 σ*、φ 的中心场强度随着超子 Ξ 在饱和核物质中势阱深度绝对值的减小而减小。当超子 Ξ 在饱和核物质中的势阱深度绝对值由 20 MeV 减小到 0 MeV 时，介子 σ* 的中心场强度由 0.0151 fm^{-1} 减小到 0.0116 fm^{-1}（见表 5.1-1），减小了约 23%；介子 φ 的中心场强度由 0.0124 fm^{-1} 减小到 0.0094 fm^{-1}，减小了约 24%。可见，超子 Ξ 在饱和核物质中势阱深度对介子 σ*、φ 的中心场强度的影响还是很大的。

5.1.4　中子和电子的化学势

中子 n 的化学势随重子密度的变化情况如图 5.1-14 所示，图中镶嵌的小图表示中子 n 的化学势随重子密度在整个前身中子星区域内的变化情况。可见，中子 n 的化学势随着重子密度的增大而增大。相对于同一重子密度，中子 n 的化学势随着超子 Ξ 在饱和核物质中势阱深度绝对值的增大而减小。即是说，较深的超子 Ξ 在饱和核物质中的势阱深度会给出较小的中子 n 的化学势。

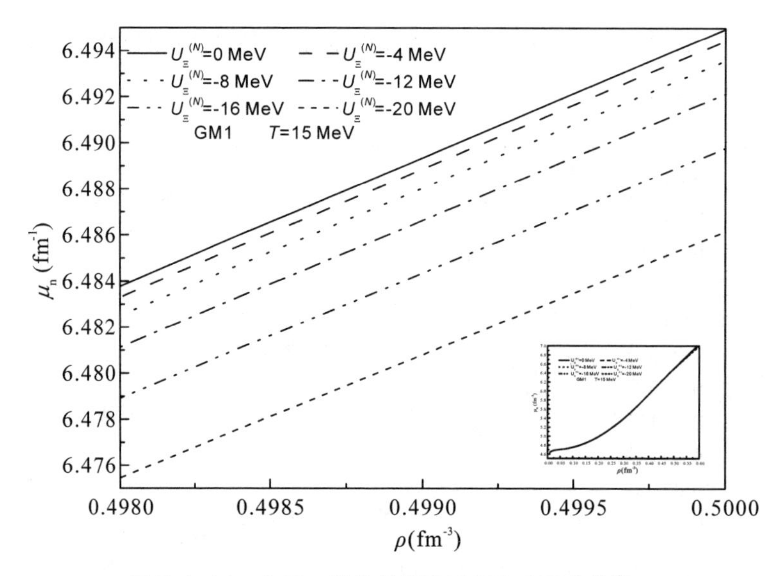

图 5.1-14　中子 n 的化学势随重子密度的变化情况

注：计算中，前身中子星的温度取 $T=15$ MeV，核子耦合参数取 GM1，超子 Λ、Σ 在饱和核物质中的势阱深度分别取 $U_\Lambda^{(N)}=-30$ MeV、$U_\Sigma^{(N)}=+30$ MeV。

前身中子星内中子 n 的中心化学势随超子 Ξ 在饱和核物质中的势阱深度的变化情况如图 5.1-15 所示。

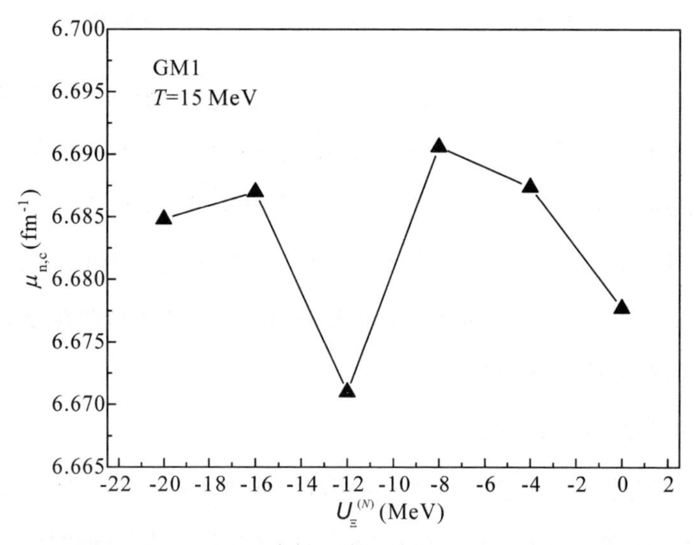

图 5.1-15　前身中子星内中子 n 的中心化学势随超子 Ξ 在饱和核物质中的势阱深度的变化情况

注：计算中，前身中子星 PSR J0740+6620 的温度取 $T=15$ MeV，核子耦合参数取 GM1，超子 Λ、Σ 在饱和核物质中的势阱深度分别取 $U_\Lambda^{(N)}=-30$ MeV、$U_\Sigma^{(N)}=+30$ MeV。

由图 5.1-15 可知,首先,中子 n 的中心化学势随超子 Ξ 在饱和核物质中势阱深度绝对值的减小而增大。当 $|U_{\Xi}^{(N)}|=16$ MeV 时,$\mu_{n,c}$ 达到一个极大值。然后,$\mu_{n,c}$ 随着 $|U_{\Xi}^{(N)}|$ 的减小而减小,当 $|U_{\Xi}^{(N)}|=12$ MeV 时,$\mu_{n,c}$ 达到一个极小值。之后,$\mu_{n,c}$ 随着 $|U_{\Xi}^{(N)}|$ 的减小而增大,在 $|U_{\Xi}^{(N)}|=8$ MeV 时达到另一极大值。然后,$\mu_{n,c}$ 随着 $|U_{\Xi}^{(N)}|$ 的减小而减小。这就是说,在超子 Ξ 在饱和核物质中的势阱深度绝对值由 20 MeV 减小到 0 MeV 的过程中,中子 n 的中心化学势将出现两个极大值点和一个极小值点。可见,中子 n 的中心化学势随超子 Ξ 在饱和核物质中势阱深度绝对值的变化比介子场强的变化要复杂一些。

电子 e 的化学势随重子密度的变化情况如图 5.1-16 所示,图中镶嵌的小图表示电子 e 的化学势随重子密度在整个前身中子星区域内的变化情况。可见,电子 e 的化学势先随着重子密度的增大而增大。达到一个极大值之后,随着重子密度的增大而减小。相对于同一重子密度,电子 e 的化学势随着超子 Ξ 在饱和核物质中势阱深度绝对值的增大而减小。即是说,较深的超子 Ξ 在饱和核物质中的势阱深度会给出较小的电子 e 的化学势。

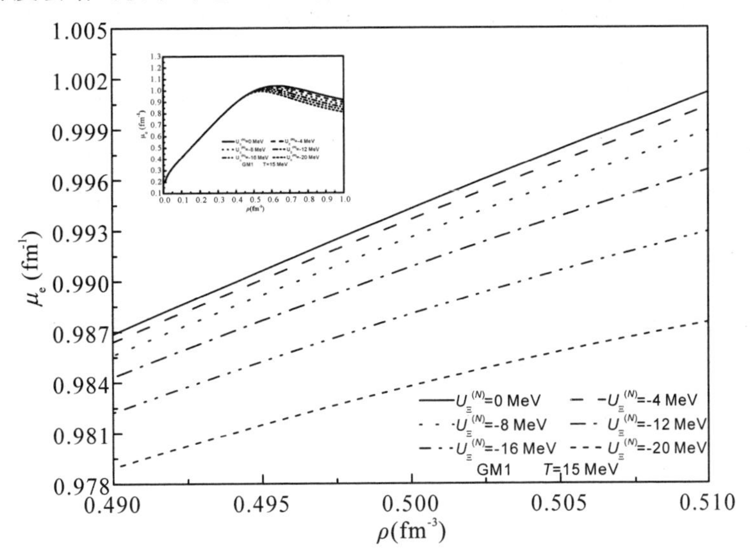

图 5.1-16 电子 e 的化学势随重子密度的变化情况

注:计算中,前身中子星的温度取 $T=15$ MeV,核子耦合参数取 GM1,超子 Λ、Σ 在饱和核物质中的势阱深度分别取 $U_{\Lambda}^{(N)}=-30$ MeV、$U_{\Sigma}^{(N)}=+30$ MeV。

前身中子星内电子 e 的中心化学势随超子 Ξ 在饱和核物质中的势阱深度的变化情况如图 5.1-17 所示。

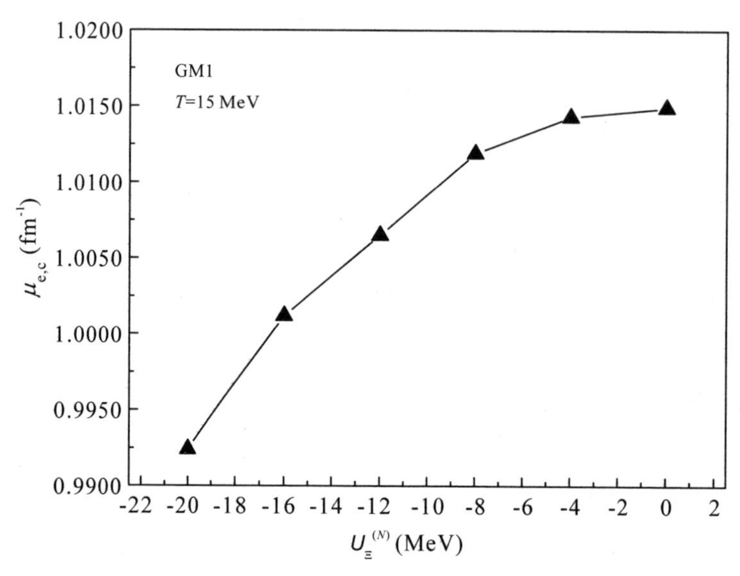

图 5.1-17　前身中子星内电子 e 的中心化学势随超子 Ξ 在饱和核物质中的势阱深度的变化情况

注:计算中,前身中子星 PSR J0740+6620 的温度取 $T=15$ MeV,核子耦合参数取 GM1,超子 Λ、Σ 在饱和核物质中的势阱深度分别取 $U_{\Lambda}^{(N)}=-30$ MeV、$U_{\Sigma}^{(N)}=+30$ MeV。

由图 5.1-17 可知,前身中子星 PSR J0740+6620 内电子 e 的中心化学势随着超子 Ξ 在饱和核物质中势阱深度绝对值的减小而增大。当 $|U_{\Xi}^{(N)}|$ 由 20 MeV 减小到 0 MeV 时,$\mu_{e,c}$ 由 0.9924 fm^{-1} 增大到 1.0149 fm^{-1},增大了约 2.3%。

5.1.5　重子的相对密度

前身中子星内中子 n、质子 p 和超子 Λ 的相对密度随重子密度的变化情况如图 5.1-18 所示。

由图 5.1-18 可知,中子 n 的相对密度随着重子密度的增大而减小,质子 p 和超子 Λ 的相对密度随着重子密度的增大而增大。这表明,在前身中子星内部,随着重子密度的增大将会有较多的中子 n 转化为质子 p、超子 Λ 及其他超子(由后面的结果可见)。

由图 5.1-18 还可知,相对于同一重子密度,随着超子 Ξ 在饱和核物质中势阱深度绝对值的增大,中子 n 的相对密度减小,超子 Λ 的相对密度也减小,而质子 p 相对密度则增大。这表明,当超子 Ξ 在饱和核物质中的势阱深度较深时,中子 n 的相对密度较小,超子 Λ 的相对密度也较小,而质子 p 的相对密度则较大。

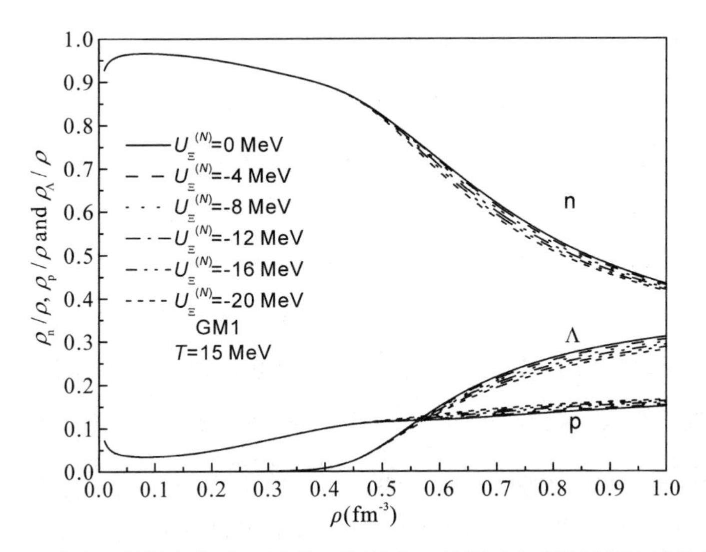

图 5.1-18　前身中子星内中子 n、质子 p 和超子 Λ 的相对密度随重子密度的变化情况

注：计算中，前身中子星的温度取 $T=15$ MeV，核子耦合参数取 GM1，超子 Λ、Σ 在饱和核物质中的势阱深度分别取 $U_{\Lambda}^{(N)}=-30$ MeV、$U_{\Sigma}^{(N)}=+30$ MeV。

前身中子星内中子 n、质子 p 和超子 Λ 的中心相对密度随超子 Ξ 在饱和核物质中的势阱深度的变化情况如图 5.1-19 所示。

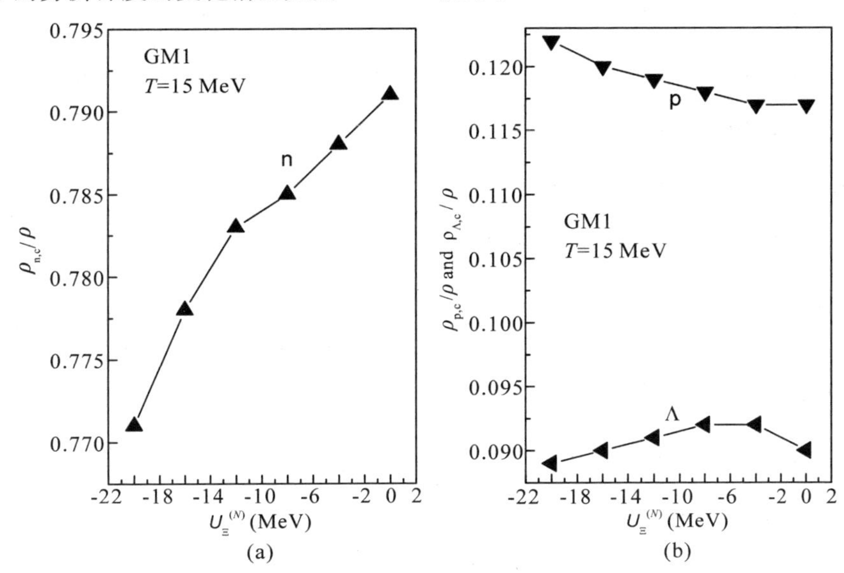

图 5.1-19　前身中子星内中子 n、质子 p 和超子 Λ 的中心相对密度随超子 Ξ 在饱和核物质中的势阱深度的变化情况

注：计算中，前身中子星 PSR J0740+6620 的温度取 $T=15$ MeV，核子耦合参数取 GM1，超子 Λ、Σ 在饱和核物质中的势阱深度分别取 $U_{\Lambda}^{(N)}=-30$ MeV、$U_{\Sigma}^{(N)}=+30$ MeV。

由图 5.1-19(a)可知,中子 n 的中心相对密度随着超子 Ξ 在饱和核物质中势阱深度绝对值的增大而减小。即是说,$|U_{\Xi}^{(N)}|$、$\rho_{n,c}/\rho$ 越小,说明有更多的中子转化为质子和超子。当 $|U_{\Xi}^{(N)}|$ 从 0 MeV 增大到 20 MeV 时,$\rho_{n,c}/\rho$ 由 79.1%减小到 77.1%,减小了约 2.5%。由图 5.1-19(b)可知,质子 p 的中心相对密度随着超子 Ξ 在饱和核物质中势阱深度绝对值的增大而增大。$|U_{\Xi}^{(N)}|$ 越大,$\rho_{p,c}/\rho$ 越大,表示有更多的质子产生。当 $|U_{\Xi}^{(N)}|$ 由 0 MeV 增大到 20 MeV 时,$\rho_{p,c}/\rho$ 由 11.7%增大到 12.2%,增大了约 4.3%。超子 Λ 的中心相对密度先随着超子 Ξ 在饱和核物质中势阱深度绝对值的减小而增大;当 4 MeV≤$|U_{\Xi}^{(N)}|$≤8 MeV 时,$\rho_{\Lambda,c}/\rho$ 达到一个极大值;之后,$\rho_{\Lambda,c}/\rho$ 随着 $|U_{\Xi}^{(N)}|$ 的增大而减小。

前身中子星 PSR J0740+6620 内的中心重子相对密度见表 5.1-2。

表 5.1-2 前身中子星 PSR J0740+6620 内的中心重子相对密度

$U_{\Xi}^{(N)}$ (MeV)	ρ_c (fm^{-3})	$\rho_{n,c}/\rho$ (%)	$\rho_{p,c}/\rho$ (%)	$\rho_{\Lambda,c}/\rho$ (%)	$\rho_{\Sigma^+,c}/\rho$ (%)	$\rho_{\Sigma^0,c}/\rho$ (%)	$\rho_{\Sigma^-,c}/\rho$ (%)	$\rho_{\Xi^0,c}/\rho$ (%)	$\rho_{\Xi^-,c}/\rho$ (%)
0	0.533	79.1	11.7	9.0	0	3.3E-5	0.1	3E-6	0.1
-4	0.535	78.8	11.7	9.2	0	3.3E-5	0.1	6E-6	0.2
-8	0.536	78.5	11.8	9.2	0	3.4E-5	0.1	1E-5	0.4
-12	0.536	78.3	11.9	9.1	0	3.3E-5	9.8E-2	1.8E-5	0.7
-16	0.537	77.8	12.0	9.0	0	3.2E-5	9.0E-2	3.1E-5	1.1
-20	0.538	77.1	12.2	8.9	0	3.1E-5	7.9E-2	5.5E-5	1.7

注:ρ_c 表示前身中子星 PSR J0740+6620 的中心重子密度。$\rho_{n,c}/\rho$、$\rho_{p,c}/\rho$、$\rho_{\Lambda,c}/\rho$、$\rho_{\Sigma^+,c}/\rho$、$\rho_{\Sigma^0,c}/\rho$、$\rho_{\Sigma^-,c}/\rho$、$\rho_{\Xi^0,c}/\rho$、$\rho_{\Xi^-,c}/\rho$ 分别表示中子 n、质子 p 和超子 Λ、Σ^+、Σ^0、Σ^-、Ξ^0、Ξ^- 的中心重子相对密度。前身中子星 PSR J0740+6620 的质量取 $M=2.08M_{\odot}$,温度取 $T=15$ MeV。

前身中子星内超子 Σ^0、Σ^- 的相对密度随重子密度的变化情况如图 5.1-20 所示。计算结果表明,在前身中子星内部,超子 Σ^+ 不出现,但产生了超子 Σ^0、Σ^-。由图 5.1-20 可知,超子 Σ^0、Σ^- 的相对密度都随着重子密度的增大而增大。对应于同一重子密度,当超子 Ξ 在饱和核物质中的势阱深度绝对值增大时,超子 Σ^0、Σ^- 的相对密度都减小。也就是说,当超子 Ξ 在饱和核物质中的势阱深度较深时,超子 Σ^0、Σ^- 的相对密度变小,较深的势阱深度不利于超子 Σ^0、Σ^- 的产生。

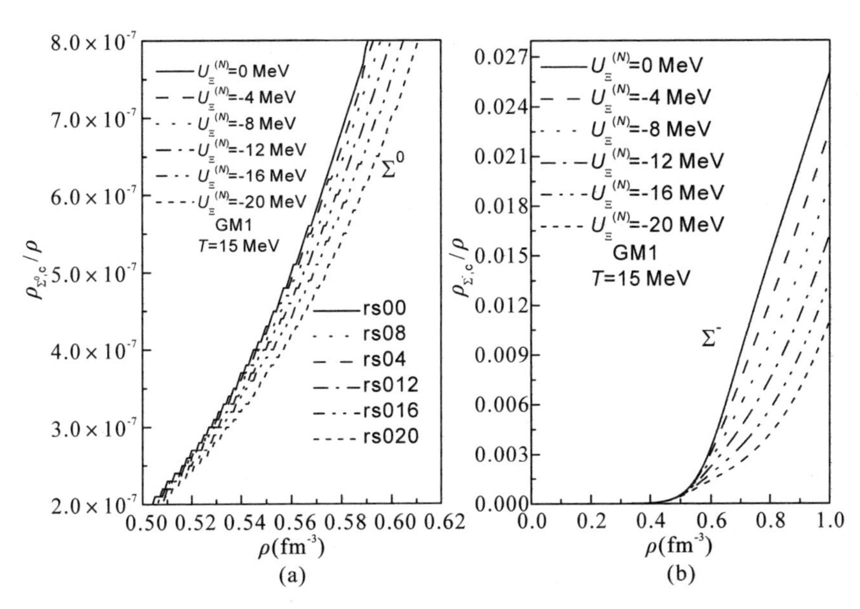

图 5.1-20 前身中子星内超子 Σ^0、Σ^- 的相对密度随重子密度的变化情况

注:计算中,前身中子星的温度取 T= 15 MeV,核子耦合参数取 GM1,超子 Λ、Σ 在饱和核物质中的势阱深度分别取 $U_\Lambda^{(N)}$ = −30 MeV、$U_\Sigma^{(N)}$ = +30 MeV。

前身中子星内超子 Σ^0、Σ^- 的中心相对密度随超子 Ξ 在饱和核物质中的势阱深度的变化情况如图 5.1-21 所示。

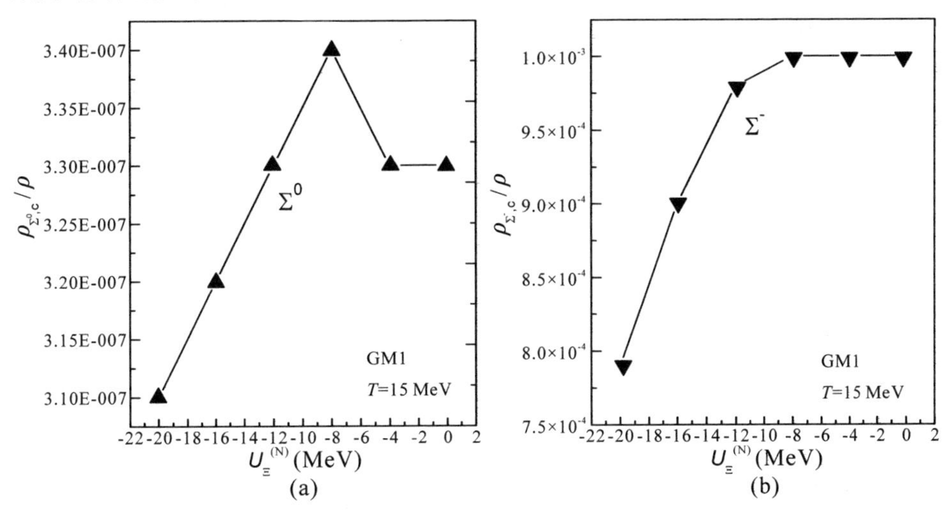

图 5.1-21 前身中子星内超子 Σ^0、Σ^- 的中心相对密度随超子 Ξ 在饱和核物质中的势阱深度的变化情况

注:计算中,前身中子星 PSR J0740+6620 的温度取 T= 15 MeV,核子耦合参数取 GM1,超子 Λ、Σ 在饱和核物质中的势阱深度分别取 $U_\Lambda^{(N)}$ = −30 MeV、$U_\Sigma^{(N)}$ = +30 MeV。

由图 5.1-21(a)可知,在前身中子星 PSR J0740+6620 内,超子 Σ^0 的中心相对密度先随着超子 Ξ 在饱和核物质中势阱深度绝对值的减小而增大;在 $|U_{\Xi}^{(N)}|=-8$ MeV 时,$\rho_{\Sigma^0,c}/\rho$ 达到最大值,之后 $\rho_{\Sigma^0,c}/\rho$ 随着 $|U_{\Xi}^{(N)}|$ 的减小而减小。由图 5.1-21(b)可知,在前身中子星 PSR J0740+6620 内,超子 Σ^- 的中心相对密度随着超子 Ξ 在饱和核物质中势阱深度绝对值的减小而增大。当 $|U_{\Xi}^{(N)}|$ 由 20 MeV 减小到 0 MeV 时,$\rho_{\Sigma^-,c}/\rho$ 由 7.9E-4% 增大到 0.001%,增大了约 27%。

前身中子星内超子 Ξ^0、Ξ^- 的相对密度随重子密度的变化情况如图 5.1-22 所示。由图 5.1-22 可知,超子 Ξ^0、Ξ^- 的相对密度都随着重子密度的增大而增大。对应于同一重子密度,超子 Ξ^0、Ξ^- 的相对密度也都随着超子 Ξ 在饱和核物质中势阱深度绝对值的增大而增大。这表明,较深的超子 Ξ 在饱和核物质中的势阱深度将给出较大的超子 Ξ^0、Ξ^- 的相对密度,也就是说,较深的超子 Ξ 在饱和核物质中的势阱深度有利于超子 Ξ^0、Ξ^- 的产生。

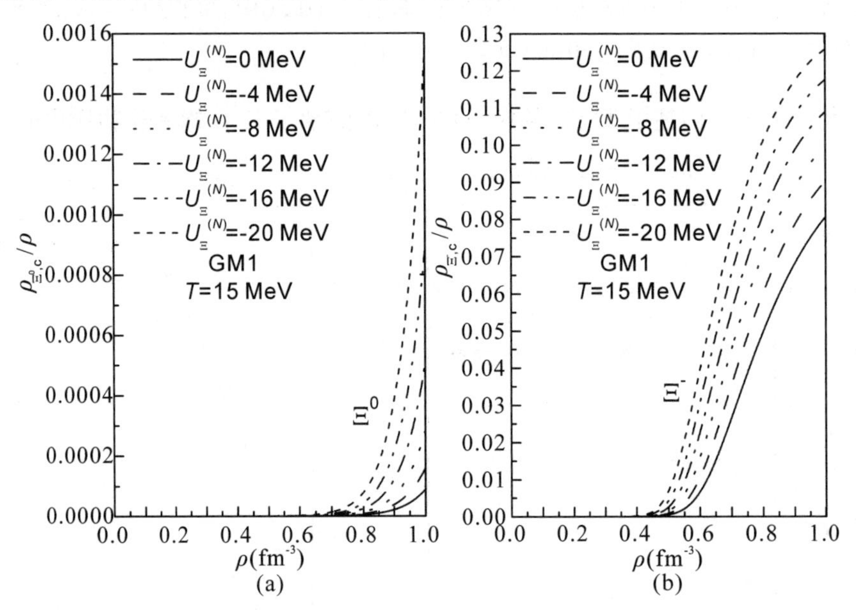

图 5.1-22 前身中子星内超子 Ξ^0、Ξ^- 的相对密度随重子密度的变化情况

注:计算中,前身中子星的温度取 $T=15$ MeV,核子耦合参数取 GM1,超子 Λ、Σ 在饱和核物质中的势阱深度分别取 $U_{\Lambda}^{(N)}=-30$ MeV、$U_{\Sigma}^{(N)}=+30$ MeV。

前身中子星内超子 Ξ^0、Ξ^- 的中心相对密度随超子 Ξ 在饱和核物质中的势阱深度的变化情况如图 5.1-23 所示。

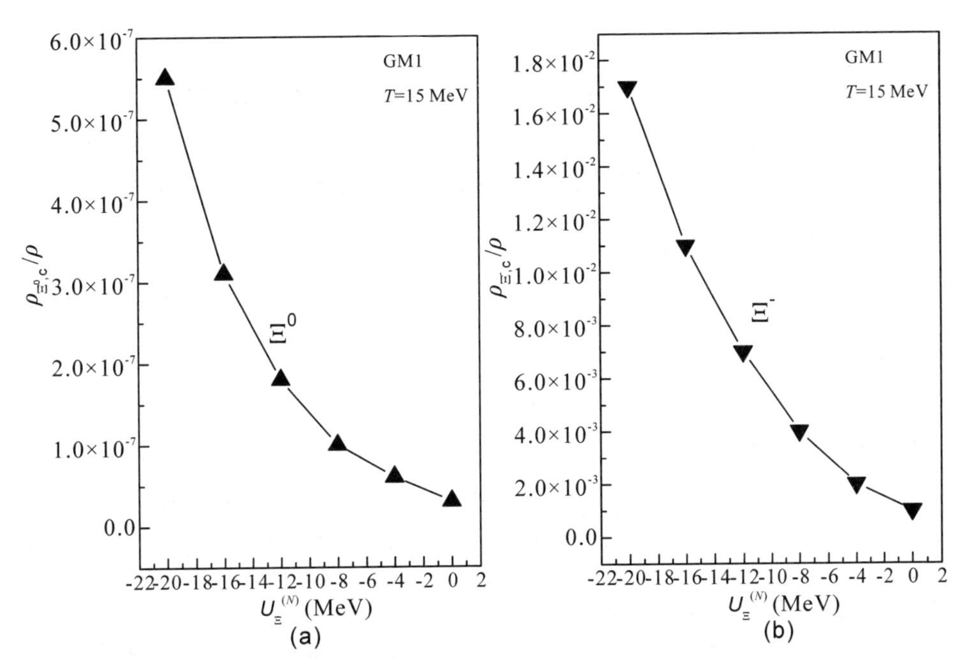

图 5.1-23 前身中子星内超子 Ξ^0、Ξ^- 的中心相对密度随超子 Ξ 在饱和核物质中的势阱深度的变化情况

注:计算中,前身中子星 PSR J0740+6620 的温度取 T=15 MeV,核子耦合参数取 GM1,超子 Λ、Σ 在饱和核物质中的势阱深度分别取 $U_\Lambda^{(N)}=-30$ MeV、$U_\Sigma^{(N)}=+30$ MeV。

由图 5.1-23 可知,超子 Ξ^0、Ξ^- 的中心相对密度都随着超子 Ξ 在饱和核物质中势阱深度绝对值的增大而增大。也就是说,较深的超子 Ξ 在饱和核物质中的势阱深度将给出较大的超子 Ξ^0、Ξ^- 的中心相对密度。由表 5.1-2 可知,当超子 Ξ 在饱和核物质中的势阱深度绝对值由 0 MeV 增大到 20 MeV 时,超子 Ξ^0 的中心相对密度由 3E-6%增大到 5.5E-5%,增大了约 1733%;超子 Ξ^- 的中心相对密度由 0.1%增大到 1.7%,增大了约 1600%。

5.1.6 总结

本小节利用相对论平均场理论,考虑到重子八重态,计算研究了超子 Ξ 在饱和核物质中的势阱深度对前身中子星 PSR J0740+6620 性质的影响。计算中,核子耦合参数取 GM1,前身中子星的温度取 T=15 MeV。超子 Ξ 在饱和核物质中的势阱深度分别取 0 MeV、-4 MeV、-8 MeV、-12 MeV、-16 MeV、-20 MeV。

研究发现,对于同一中心能量密度,前身中子星的质量和半径都随着超子 Ξ 在饱和核物质中势阱深度绝对值的增大而减小。较深的超子 Ξ 在饱和核物质中的势阱深度将给出较小的前身中子星半径。前身中子星 PSR J0740+6620 的中心重子密度随着超子 Ξ 在饱和核物质中势阱深度绝对值的增大而增大。

相对于同一重子密度,介子 σ、ω、ρ 的场强度都随着超子 Ξ 在饱和核物质中势阱深度绝对值的增大而减小;而介子 σ^*、φ 的中心场强度则都随着超子 Ξ 在饱和核物质中势阱深度绝对值的减小而减小。

相对于同一重子密度,中子 n 和电子 e 的化学势都随着超子 Ξ 在饱和核物质中势阱深度绝对值的增大而减小。较深的超子 Ξ 在饱和核物质中的势阱深度将计算出较小的中子 n 和电子 e 的化学势。

我们的计算结果还表明,在前身中子星内部,中子 n、质子 p 和超子 Λ、Σ^0、Σ^-、Ξ^0、Ξ^-都出现了,而超子 Σ^+没有产生。相对于同一重子密度,随着超子 Ξ 在饱和核物质中势阱深度绝对值的增大,中子 n 和超子 Σ^0、Σ^-的相对密度减小,而质子 p 和超子 Ξ^0、Ξ^-的相对密度增大。

5.2　超子在饱和核物质中的势阱深度对前身中子星 PSR J0740+6620 转动惯量的影响

早在 20 世纪 60 年代,Hartle 从广义相对论出发,把中子星看作球对称的,得出了慢旋转中子星的转动惯量[40-41]。转动惯量是描述中子星旋转性质的一个重要物理量,对于它的研究具有重要意义。

2002 年,Bejger 等利用对蟹状星云性质的估计来约束脉冲星的转动惯量、质量和半径。他们采用一个基于 30 个关于密实物质物态方程的数值结果得出了一个经验公式 $I \cong a(x)MR^2$,此处,$x=(M/M_{\odot})(\text{km}/R)$。中子星和奇异星的函数 $a(x)$在性质上是不同的。对于中子星,当 $x<0.1$ 时,$a_{\text{NS}}(x)=x/(0.1+2x)$(对于质量 $M>0.2M_{\odot}$的中子星适用);当 $x>0.1$ 时,$a_{\text{NS}}(x)=2(1+5x)/9$。对于奇异中子星 $a_{\text{NS}}(x)=2(1+x)/5$(不适用于有壳且 $M<0.1M_{\odot}$的奇异星),他们还得到了一个关于最大转动惯量的近似表达式:$I_{\max,45} \cong (-0.37+7.12 \cdot x_{\max})(M_{\max}/M_{\odot})(R_{M_{\max}}/10\ \text{km})^2$,此处,$I_{45}=I/10^{45}\ \text{g}\cdot\text{cm}^2$ 对中子星和奇异星都有效。他们将此公式应用到球状星云转动惯量(I_{Crab})的评估值上,得到了脉冲星质量和半径的约束条件[42]。

2004 年,Morrison 等使用完全相对论的、均匀旋转的平衡系统来处理任意自旋和相对论的慢旋转近似,构建了双星脉冲星 J0737-3039A 的数值模型。结果表明,中子星转动惯量的动力学观测将对核物质状态方程施加很大的约束。利用测量到的质量、自旋和转动惯量来确定由不同物态方程计算出的最佳模型,可以确定脉冲星的半径[43]。2005 年,Lattimer 等估计,在脉冲双星 PSR J0737-3039 中,A 星的转动惯量可能在经过几年的观测后确定,其精度可达±10%。这将能够准确估计中子星的半径和核饱和密度 1~2 倍附近的物质压力,反过来,准确估计的中子星半径和核饱和密度 1~2 倍附近的物质压力又将对中子星的状态方程及其内部的物理性质提供强有力的约束[44]。

2015 年,在当时中子星质量和半径测量的背景下,Steiner 等对致密物质的状态方程模型进行了系统评估,获得了对中子星质量和半径的广泛了解。他们证明,中子星质量和半径的测量能对转动惯量、潮汐变形能力和地壳厚度提供强有力的约束[45]。

2016 年,Breu 等发现旋转中子星的最大允许质量 M_{max} 与静态球对称星质量 M_{TOV} 之间的关系为 $M_{max} \cong (1.203 \pm 0.022) M_{TOV}$[46]。同年,由于对双脉冲星系统中 PSR J0737-3039A 的转动惯量的精确测量有望在未来五年内完成,Raithel 等提出了一种新的映射预期的方法来测量中子星的转动惯量。基于物理稳定性的论点,根据低于核饱和密度时的状态方程,他们确定了对于给定半径的中子星转动惯量的最大值和最小值。如果状态方程被认为直到核饱和密度都是成立的,对转动惯量的测量可以将中子星 PSR J0737-3039A 的半径限制在±1 km 以内。由此得到的转动惯量对中子星物质的状态方程提供了新的、严格的约束[47]。年轻脉冲星的自转突快源于地壳和中子星内部角动量的交换。研究人员推断出中子星地壳的转动惯量不足以解释观测到的自转突快。中子星地壳的时空曲率比太阳系测量中探测到的曲率大 14 个数量级。这使得引力成为地壳相关过程中最弱的物理约束输入。根据引力的标量张量理论和非摄动引力 $f(R) = R + aR^2$,Staykov 等计算了地壳与中子星总转动惯量的比值。他们发现地壳与核的转动惯量比与广义相对论的推断没有明显的变化。但是,考虑广义相对论效应,对大质量物体该比率显著增加[48]。

2017 年,Lenka 等计算了含有超子和(反)介子凝聚态等不同奇异成分的中子星的转动惯量,研究了转动惯量随质量和自旋频率的变化规律。他们的计算采用了具有密度相关耦合的相对论平均场模型框架内生成的状态方程。他们探讨了与一些归一化性质相关的普遍关系，例如，根据特定的物态方程计算的中子星临界质量和转动惯量。在较高的密度下，他们发现了转动惯量的理论计算值与实际观测值的偏差。他们的这项研究提供了有关中子星性质的重要结果，这些结果可以在不久的将来使用平方公里阵列望远镜进行观测验证[49]。同年，Atta 等利用密度依赖的 M3Y 有效相互作用理论得到的 β-平衡核物质，计算了中子星的地壳转动惯量分数，由热力学稳定条件确定了中子星液体核与固体外壳分离的内边缘的转变密度、压力和质子分数。转动惯量的地壳部分可以从研究脉冲星自转突快中提取出来，它对从地壳到地核过渡时的压力和密度最为敏感。这些核壳转换处的压力和密度的结果，以及观测到的总转动惯量中最小的地壳部分，为船帆脉冲星的半径提供了一个新的极限：$R \geqslant 4.10+3.36M/M_{\odot}$ km · s[50]。

对双脉冲星 PSR J0737-3039 的持续观测，有可能使人们精确测定其主要组成部分的转动惯量。由于转动惯量敏感地依赖于中子星的内部结构，这样的测量将对超致密物质的状态方程提供约束。2018 年，Landry 等独立地通过对引力波事件 GW170817 潮汐形变的引力波测量，建立了状态方程约束。此处，利用在中子星观测中的普遍关系，他们将报告 90%可信的潮汐变形性边界转化为直接约束，得到中子星 PSR J0737-3039A 的转动惯量 $I_{*}=1.15^{+0.38}_{-0.24}\times10^{45}$ g · cm^2[51]。利用系统生成的状态方程，Newton 等绘制出了中子星 PSR J0737-3039A 的转动惯量和两颗低质量中子星的结合能之间的关系[52]。同一年，Bandyopadhyay 等研究了包括超子、介子 K 玻色-爱因斯坦凝聚和一阶强子-夸克相变在内的奇异物质状态方程对慢旋转中子星转动惯量、四极矩和潮汐变形参数的影响。所有这些状态方程都符合 $2M_{\odot}$ 中子星对状态方程的约束。他们还得出，对于最大质量中子星，四极矩接近黑洞的克尔值[53]。

2019 年，Popchev 等研究了在慢旋转近似中不同的转动惯量归一化和中子星的致密性之间的普遍关系。他们研究了一类特殊的大尺度传感器理论与自相互作用的关系，结果表明，在所有情况下，所研究的状态方程与物态方程普适性的偏差很小。另外，标量化可能导致与广义相对论普遍关系的参数值有很大的偏差，这些参数值与当前观测值一致，可以潜在地用于设置进一步测试标量张量的理论[54]。

大质量中子星的观测质量，诸如大质量中子星 PSR J1614-2230(2010 年，2016 年)[21-22]、PSR J0348+0432(2013 年)[24]和 PSR J0740+6620(2020 年)[24]的观测质量，必然会对中子星物质的状态方程有很强的约束作用。对于中子星 PSR J0740+6620，其质量为 $M=2.14^{0.10}_{-0.09}M_{\odot}$。2021 年，人们对中子星 PSR J0740+6620 的质量和半径又进行了精确的测定(Fonseca 等，$M=2.08^{0.07}_{-0.07}M_{\odot}$[25]；Miller 等，$R=13.7^{2.6}_{-1.5}$ km[26])。研究前身中子星对于理解中子星的形成和演化是很重要的[32]。近年来，重离子碰撞的实验研究和理论方面的计算研究又丰富了我们关于超子在饱和核物质中的势阱深度的知识。在这方面，超子 Ξ 在饱和核物质中的势阱深度还有一定的不确定性。因此，关于超子 Ξ 在饱和核物中的势阱深度对前身中子星 PSR J0740+6620 转动惯量影响的研究是一个我们感兴趣的课题。

本小节考虑到重子八重态，利用相对论平均场理论计算研究了超子 Ξ 在饱和核物质中的势阱深度对前身中子星 PSR J0740+6620 转动惯量的影响。

5.2.1 计算理论和参数选取

前身中子星的性质可以由相对论平均场理论求解得到(见 1.1 节)，前身中子星转动惯量的计算公式见 1.3 节。

核子耦合参数取如下 7 组：NL1[27]、GL85[28]、GL97[1]、GM1[29]、FSUGold[30]、FSU2R[31]、FSU2H[31]。前身中子星 PSR J0740+6620 的温度可取 $T=15$ MeV[32]。

超子耦合参数与核子耦合参数的比值的定义见式(2.1-1)、式(2.1-2)和式(2.1-3)。根据夸克结构的 SU(6)对称性[31,33]来选择超子耦合参数与核子耦合参数比值 $x_{\rho h}$。由以前的计算结果可知，前身中子星的质量随着 $x_{\sigma h}$ 和 $x_{\omega h}$[33]的增大而增大。故必须选择一个较大的超子耦合参数与核子耦合参数比值，我们才能计算出更大的前身中子星质量。我们选择 $x_{\omega h}=0.9$，而 $x_{\sigma h}$ 由拟合超子在饱和核物质中的势阱深度[见式(2.1-4)]计算得到。

根据重离子碰撞的实验结果，超子 Λ、Σ 在饱和核物质中的势阱深度分别取 $U_{\Lambda}^{(N)}=-30$ MeV[34-36]、$U_{\Sigma}^{(N)}=+30$ MeV[34-37]。为了选择一组描述前身中子星 PSR J0740+6620 的最佳核子耦合参数，我们先取超子 Ξ 在饱和核物质中的势阱深度 $U_{\Xi}^{(N)}=-20$ MeV[19]。介子 σ^*、φ 与超子之间的耦合参数的选取参考式(2.1-5)、式(2.1-6)和式(2.1-7)。

前身中子星的半径随质量的变化情况如图 5.2-1 所示。由图 5.2-1 可知,核子耦合参数 GM1 给出的前身中子星的半径和质量与上述结果最符合。接下来我们用核子耦合参数 GM1 来研究超子 Ξ 在饱和核物质中的势阱深度对前身中子星 PSR J0740+6620 转动惯量的影响。超子 Ξ 在饱和核物质中的势阱深度分别取 6 个数值点:0 MeV、-4 MeV、-8 MeV、-12 MeV、-16 MeV、-20 MeV。

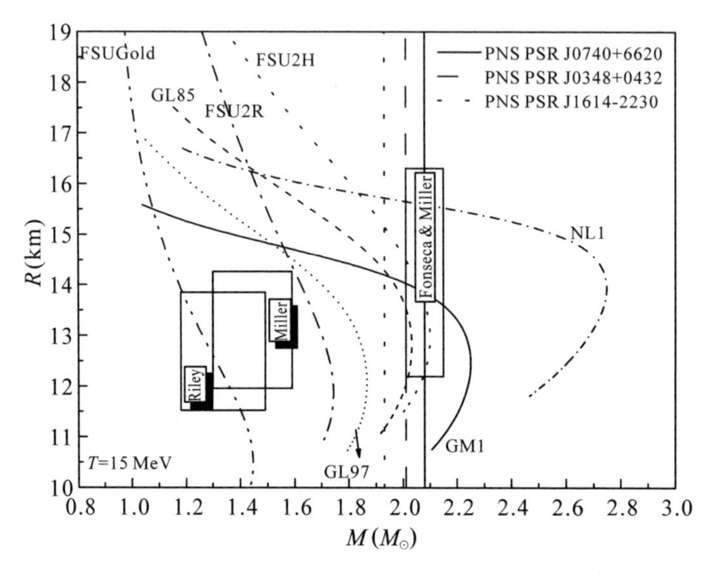

图 5.2-1　前身中子星的半径随质量的变化情况

注:计算中,前身中子星的温度取 $T=15$ MeV,超子在饱和核物质中的势阱深度分别取 $U_{\Lambda}^{(N)}=-30$ MeV、$U_{\Sigma}^{(N)}=+30$ MeV、$U_{\Xi}^{(N)}=-20$ MeV。三条粗竖直线分别表示前身中子星 PSR J1614-2230、PSR J0348+0432 和 PSR J0740+6620 的质量。三个方框内的区域分别表示 Fonseca 等和 Miller 等关于前身中子星 PSR J0740+6620 的质量和半径的结果、Miller 等($M=1.34^{+0.15}_{-0.16}M_{\odot}$,$R=12.71^{+1.14}_{-1.19}$ km)[39] 和 Riley 等($M=1.44^{+0.15}_{-0.14}M_{\odot}$,$R=13.02^{+1.24}_{-1.06}$ km)[40] 计算出的前身中子星 PSR J0030+0451 质量和半径的结果。

5.2.2　前身中子星物质的能量密度和压强

前身中子星物质的能量密度随重子密度的变化情况如图 5.2-2 所示。由图 5.2-2 可知,在整个前身中子星内部,从星壳表面至星体中心,前身中子星物质的能量密度随着重子密度的增大而增大。对于同一重子密度,能量密度随着超子 Ξ 在饱和核物质中的势阱深度绝对值的增大而增大。这表明,超子 Ξ 在饱和核物质中的势阱深度越深,能量密度越大。

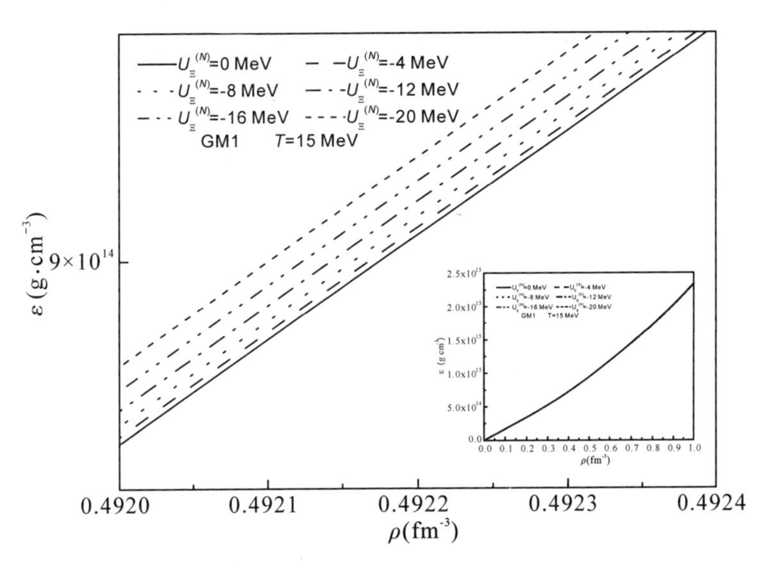

图 5.2-2 前身中子星物质的能量密度随重子密度的变化情况

注:计算中,前身中子星的温度取 $T=15$ MeV,核子耦合参数取 GM1,超子 Λ、Σ 在饱和核物质中的势阱深度分别取 $U_{\Lambda}^{(N)}=-30$ MeV、$U_{\Sigma}^{(N)}=+30$ MeV。

前身中子星内中心能量密度随超子 Ξ 在饱和核物质中的势阱深度的变化情况如图 5.2-3 所示。

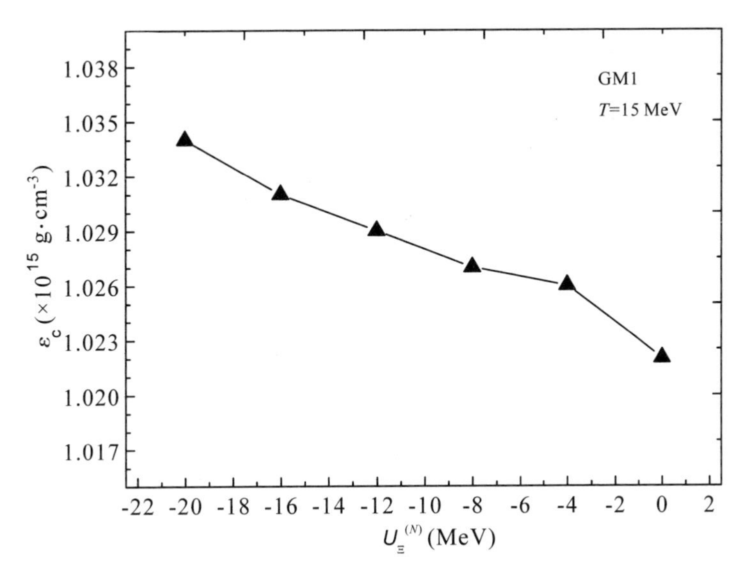

图 5.2-3 前身中子星内中心能量密度随超子 Ξ 在饱和核物质中的势阱深度的变化情况

注:计算中,前身中子星 PSR J0740+6620 的温度取 $T=15$ MeV,核子耦合参数取 GM1,超子 Λ、Σ 在饱和核物质中的势阱深度分别取 $U_{\Lambda}^{(N)}=-30$ MeV、$U_{\Sigma}^{(N)}=+30$ MeV。

由图 5. 2-3 可知,前身中子星 PSR J0740+6620 的中心能量密度随着超子 Ξ 在饱和核物质中势阱深度绝对值的增大而增大。这就是说,较深的超子 Ξ 在饱和核物质中的势阱深度将给出前身中子星较大的中心能量密度。

本工作计算得到的前身中子星 PSR J0740+6620 的性质见表 5. 2-1。由表 5. 2-1 可知,当超子 Ξ 在饱和核物质中的势阱深度绝对值 $|U_{\Xi}^{(N)}|$ 由 0 MeV 增大到 20 MeV 时,前身中子星 PSR J0740+6620 的中心能量密度 ε_c 由 1.022×10^{15} g · cm^{-3} 增大到 1.034×10^{15} g · cm^{-3},增大了约 1%。

表 5. 2-1　本工作计算得到的前身中子星 PSR J0740+6620 的性质

$U_{\Xi}^{(N)}$ (MeV)	$x_{\sigma\Xi}$	ρ_c (fm^{-3})	R (km)	ε_c ($\times 10^{15}$ g · cm^{-3})	p_c ($\times 10^{35}$ dyne · cm^{-2})	I ($\times 10^{45}$ g · cm^2)	M_{max} ($M_{\odot}$)
0	0. 6896	0. 533	13. 855	1. 022	2. 163	2. 412	2. 267
-4	0. 7038	0. 535	13. 847	1. 026	2. 180	2. 409	2. 265
-8	0. 7180	0. 536	13. 847	1. 027	2. 185	2. 406	2. 262
-12	0. 7322	0. 536	13. 847	1. 029	2. 180	2. 404	2. 258
-16	0. 7464	0. 537	13. 847	1. 031	2. 180	2. 397	2. 254
-20	0. 7606	0. 538	13. 846	1. 034	2. 178	2. 390	2. 250

注:ρ_c、R、ε_c 和 p_c 分别表示前身中子星 PSR J0740+6620 的中心重子密度、半径、中心能量密度和中心压强。I 表示前身中子星 PSR J0740+6620 的转动惯量。M_{max} 表示前身中子星的最大质量。核子耦合参数取 GM1,前身中子星 PSR J0740+6620 的质量取 $M=2.08M_{\odot}$。介子 ω 和超子 Ξ 之间的耦合参数与介子 ω 和核子之间的耦合参数的比值取 $x_{\sigma\Xi}=0.9$。

前身中子星物质的压强随重子密度的变化情况如图 5. 2-4 所示。由图 5. 2-4 可知,前身中子星物质的压强随着重子密度的增大而增大。对于同一重子密度,压强随着超子 Ξ 在饱和核物质中势阱深度绝对值的增大而减小。这表明,超子 Ξ 在饱和核物质中的势阱深度越深,压强越小。

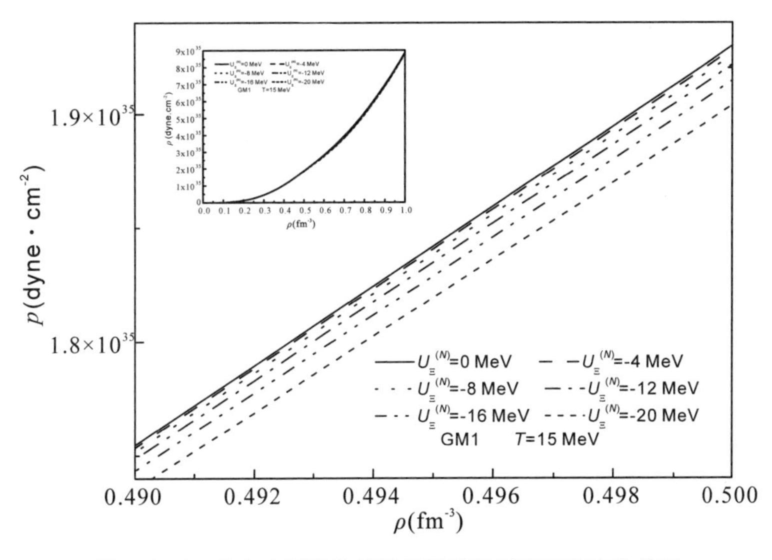

图 5.2-4　前身中子星物质的压强随重子密度的变化情况

注：计算中，前身中子星的温度取 $T=15$ MeV，核子耦合参数取 GM1，超子 Λ、Σ 在饱和核物质中的势阱深度分别取 $U_{\Lambda}^{(N)}=-30$ MeV、$U_{\Sigma}^{(N)}=+30$ MeV。

前身中子星内中心压强随超子 Ξ 在饱和核物质中的势阱深度的变化情况如图 5.2-5 所示。

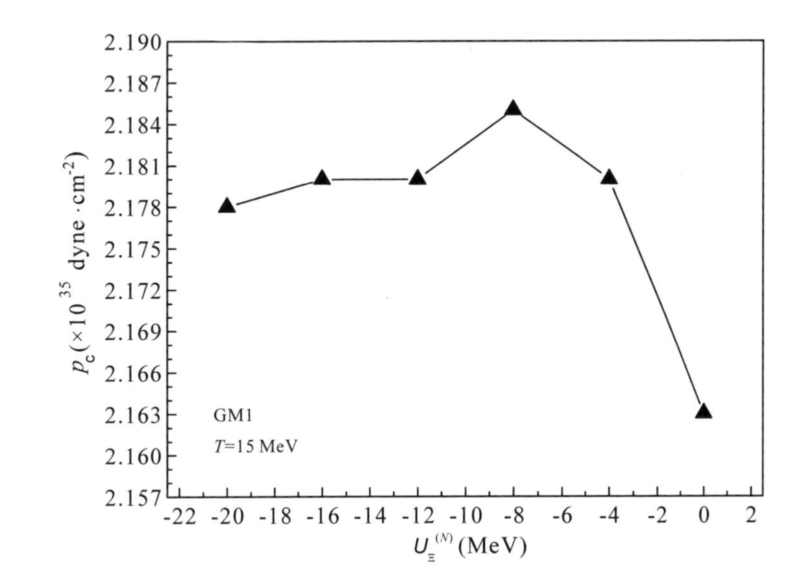

图 5.2-5　前身中子星内中心压强随超子 Ξ 在饱和核物质中的势阱深度的变化情况

注：计算中，前身中子星 PSR J0740+6620 的温度取 $T=15$ MeV，核子耦合参数取 GM1，超子 Λ、Σ 在饱和核物质中的势阱深度分别取 $U_{\Lambda}^{(N)}=-30$ MeV、$U_{\Sigma}^{(N)}=+30$ MeV。

由图 5.2-5 可知，前身中子星 PSR J0740+6620 的中心压强先是随着超子 Ξ 在饱和核物质中势阱深度绝对值的增大而增大，超子 Ξ 在饱和核物质中的势阱深度在−8 MeV 左右时，中心压强达到最大值；之后，中心压强随着超子 Ξ 在饱和核物质中势阱深度绝对值的增大而减小。

由表 5.2-1 可知，当超子 Ξ 在饱和核物质中的势阱深度绝对值由 0 MeV 增大到 20 MeV 时，前身中子星 PSR J0740+6620 的中心压强由 2.163×10^{35} dyne · cm^{-2} 增大到 2.178×10^{35} dyne · cm^{-2}，增大了约 0.7%。之所以中心压强随着超子 Ξ 在饱和核物质中势阱深度绝对值的增大而增大，是由于前身中子星 PSR J0740+6620 的质量 $M=2.08M_{\odot}$ 制约的结果。

5.2.3 前身中子星的转动惯量

前身中子星的转动惯量随中心能量密度的变化情况如图 5.2-6 所示。

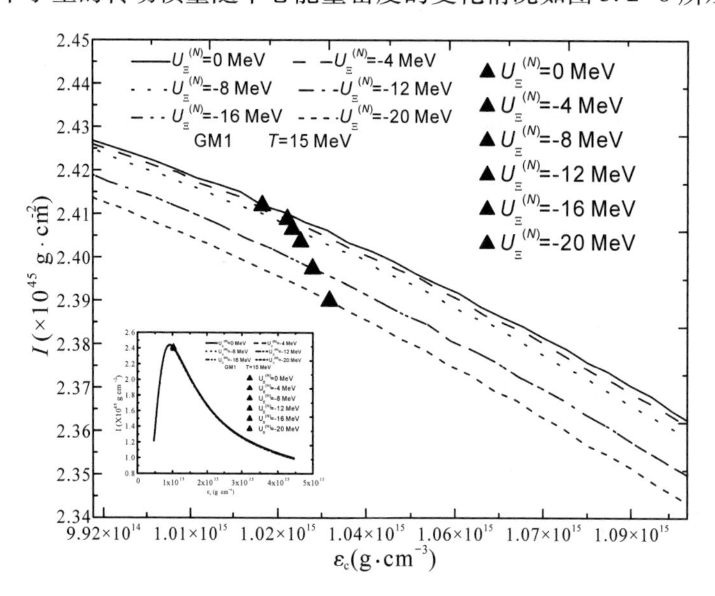

图 5.2-6　前身中子星的转动惯量随中心能量密度的变化情况

注：计算中，前身中子星的温度取 $T=15$ MeV，核子耦合参数取 GM1，超子 Λ、Σ 在饱和核物质中的势阱深度分别取 $U_{\Lambda}^{(N)}=-30$ MeV、$U_{\Sigma}^{(N)}=+30$ MeV。

由图 5.2-6 中的小图可知，前身中子星的转动惯量随中心能量密度的变化有一个峰值。由大图可见，相对于同一中心能量密度，前身中子星的转动惯量随着超子 Ξ 在饱和核物质中势阱深度绝对值的增大而减小。

前身中子星的转动惯量随质量和半径的变化情况分别如图 5.2-7 和图 5.2-8 所示。

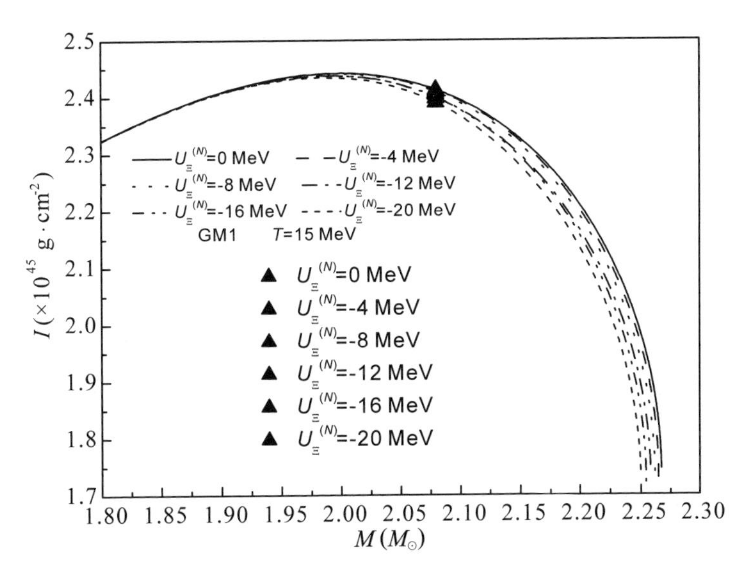

图 5.2-7 前身中子星的转动惯量随质量的变化情况

注:计算中,前身中子星的温度取 T=15 MeV,核子耦合参数取 GM1,超子 Λ、Σ 在饱和核物质中的势阱深度分别取 $U_\Lambda^{(N)}=-30$ MeV、$U_\Sigma^{(N)}=+30$ MeV。

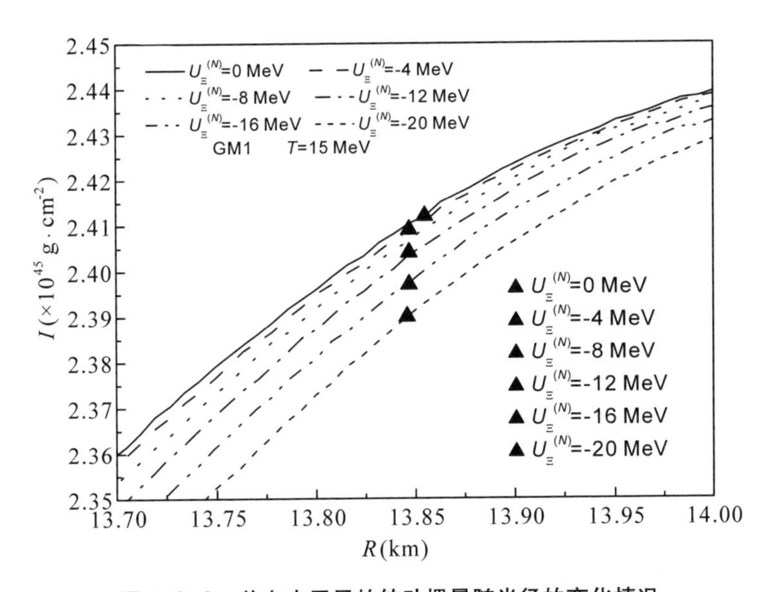

图 5.2-8 前身中子星的转动惯量随半径的变化情况

注:计算中,前身中子星的温度取 T=15 MeV,核子耦合参数取 GM1,超子 Λ、Σ 在饱和核物质中的势阱深度分别取 $U_\Lambda^{(N)}=-30$ MeV、$U_\Sigma^{(N)}=+30$ MeV。

由图 5.2-7 可知,前身中子星的转动惯量先随着质量的增大而增大,达到峰值后又随着质量的增大而减小。由图 5.2-8 可知,前身中子星的转动惯量随着半径的增大而增大。

由图 5.2-7 可知,相对于同一质量,前身中子星的转动惯量随着超子 Ξ 在饱和核物质中势阱深度绝对值的增大而减小。由图 5.2-8 也可知,相对于同一半径,前身中子星的转动惯量也随着超子 Ξ 在饱和核物质中势阱深度绝对值的增大而减小。

前身中子星的转动惯量随超子 Ξ 在饱和核物质中的势阱深度的变化情况如图 5.2-9 所示。

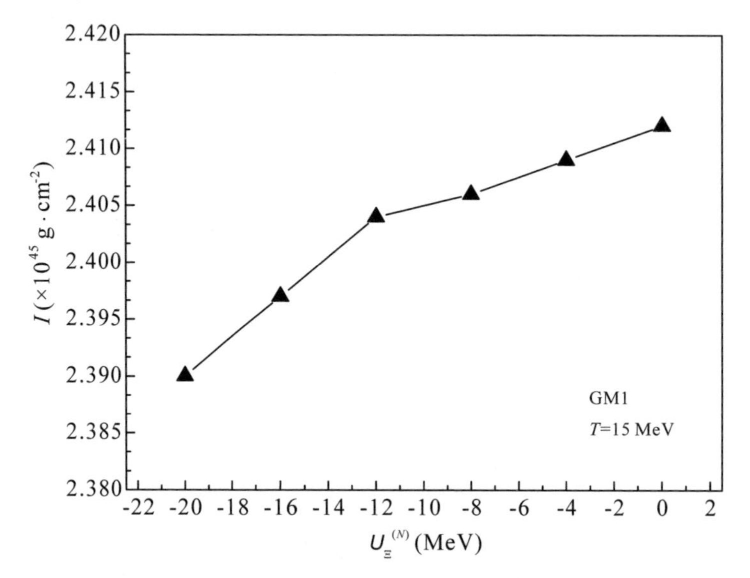

图 5.2-9　前身中子星的转动惯量随超子 Ξ 在饱和核物质中的势阱深度的变化情况

注:计算中,前身中子星的温度取 $T=15$ MeV,核子耦合参数取 GM1,超子 Λ、Σ 在饱和核物质中的势阱深度分别为 $U_{\Lambda}^{(N)}=-30$ MeV、$U_{\Sigma}^{(N)}=+30$ MeV。

由图 5.2-9 可知,前身中子星 PSR J0740+6620 的转动惯量随着超子 Ξ 在饱和核物质中势阱深度绝对值的增大而减小。较深的超子 Ξ 在饱和核物质中的势阱深度给出较小的转动惯量。

5.2.4　前身中子星的性质与超子耦合参数的关系

耦合参数比随超子 Ξ 在饱和核物质中的势阱深度的变化情况如图 5.2-10 所示。

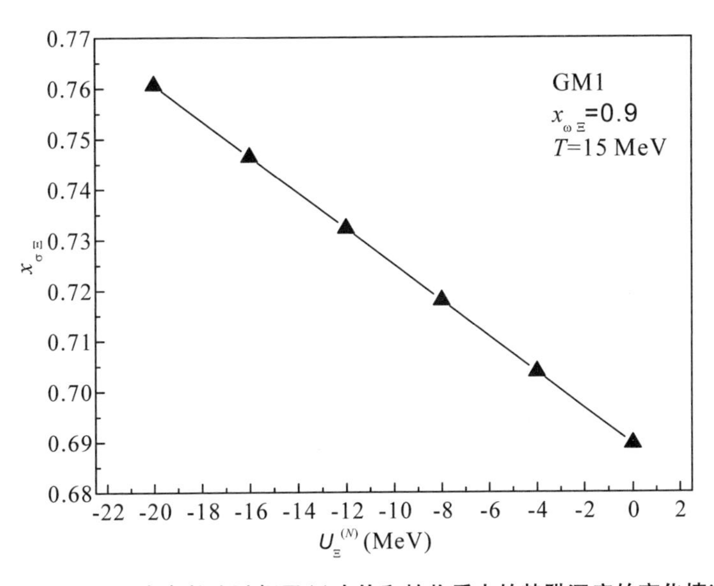

图 5.2-10　耦合参数比随超子 Ξ 在饱和核物质中的势阱深度的变化情况

注:计算中,前身中子星的温度取 $T=15$ MeV,核子耦合参数取 GM1,超子 Λ、Σ 在饱和核物质中的势阱深度分别取 $U_{\Lambda}^{(N)}=-30$ MeV、$U_{\Sigma}^{(N)}=+30$ MeV。

由图 5.2-10 可知,耦合参数比随着超子 Ξ 在饱和核物质中势阱深度绝对值的增大而增大。也就是说,较深的超子 Ξ 在饱和核物质中的势阱深度将给出较大的耦合参数比。当超子 Ξ 在饱和核物质中的势阱深度绝对值由 0 MeV 增大到 20 MeV 时,耦合参数比由 0.6896 增大到 0.7606,增大了约 10%(见表 5.2-2)。

表 5.2-2　前身中子星 PSR J0740+6620 的各物理量随超子 Ξ 在饱和核物质中势阱深度变化的增大率

物理量	$x_{\sigma\Xi}$	ρ_c	R	ε_c	p_c	I	M_{max}
序号	1	2	3	4	5	6	7
增加率	10%	0.9%	-0.06%	1%	—	-0.9%	-0.7%

注:超子 Ξ 在饱和核物质中的势阱深度取 0 MeV、-4 MeV、-8 MeV、-12 MeV、-16 MeV、-20 MeV。表中第三行为各物理量在超子 Ξ 在饱和核物质中的势阱深度绝对值由 0 MeV 增大到 20 MeV 时的增大率。$x_{\sigma\Xi}$ 为介子 σ 和超子 Ξ 之间的耦合参数与介子 σ 和核子之间的耦合参数的比值。ρ_c、R、ε_c 和 p_c 分别表示前身中子星 PSR J0740+6620 的中心重子密度、半径、中心能量密度和中心压强。I 表示前身中子星 PSR J0740+6620 的转动惯量。M_{max} 表示计算得到的前身中子星的最大质量。核子耦合参数取 GM1,前身中子星 PSR J0740+6620 的质量取 $M=2.08M_{\odot}$。介子 ω 和超子 Ξ 之间的耦合参数与介子 ω 和核子之间的耦合参数的比值取 $x_{\omega\Xi}=0.9$。

前身中子星的最大质量随耦合参数比的变化情况如图 5. 2-11 所示。

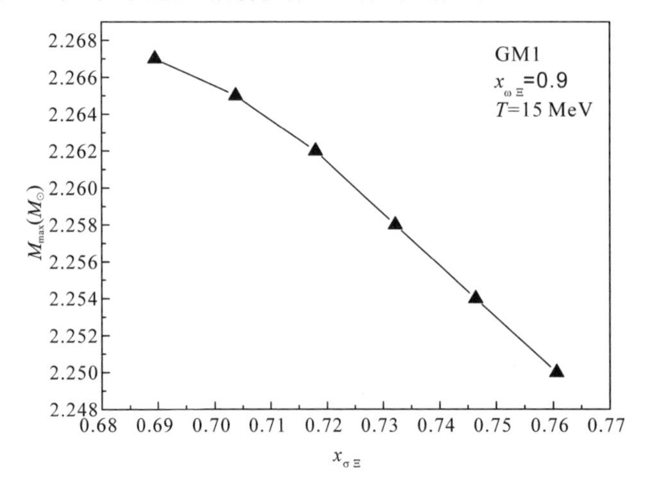

图 5. 2-11　前身中子星的最大质量随耦合参数比的变化情况

注:计算中,前身中子星的温度取 $T=15$ MeV,核子耦合参数取 GM1,超子 Λ、Σ 在饱和核物质中的势阱深度分别取 $U_{\Lambda}^{(N)}=-30$ MeV、$U_{\Sigma}^{(N)}=+30$ MeV。

由图 5. 2-11 可知,前身中子星的最大质量随着耦合参数比的增大而减小。也就是说,耦合参数比越大则得到的前身中子星的最大质量也越小。当耦合参数比由 0. 6896 增大到 0. 7606(增大了约 10%)时,前身中子星的最大质量由 2. 267$M_{\odot}$减小到 2. 250$M_{\odot}$(见表 5. 2-1),减小了约 0. 7%。

前身中子星的半径随耦合参数比的变化情况如图 5. 2-12 所示。

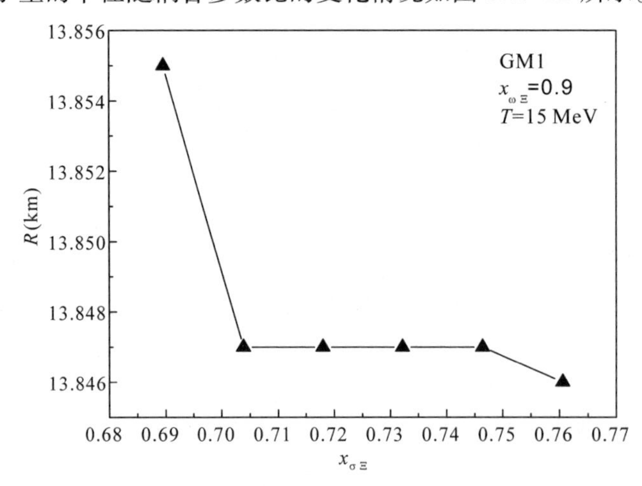

图 5. 2-12　前身中子星的半径随耦合参数比的变化情况

注:计算中,前身中子星的温度取 $T=15$ MeV,核子耦合参数取 GM1,超子 Λ、Σ 在饱和核物质中的势阱深度分别取 $U_{\Lambda}^{(N)}=-30$ MeV、$U_{\Sigma}^{(N)}=+30$ MeV。

由图 5.2−12 可知，前身中子星的半径随着耦合参数比的增大而减小。当耦合参数比由 0.6896 增大到 0.7606（增大了约 10%）时，前身中子星 PSR J0740+6620 的半径由 13.855 km 减小到 13.846 km（见表 5.2−1），减小了约 0.06%。

前身中子星中心重子密度和中心能量密度随耦合参数比的变化情况分别如图 5.2−13 和图 5.2−14 所示。

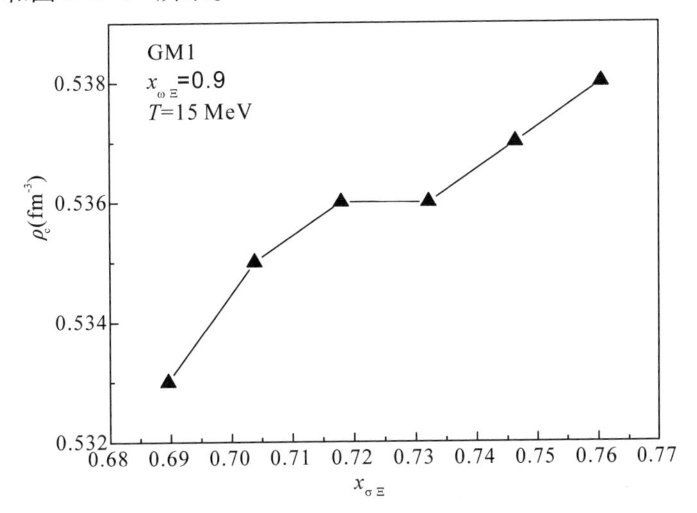

图 5.2−13　前身中子星的中心重子密度随耦合参数比的变化情况

注：计算中，前身中子星的温度取 T= 15 MeV，核子耦合参数取 GM1，超子 Λ、Σ 在饱和核物质中的势阱深度分别取 $U_{\Lambda}^{(N)}=-30$ MeV、$U_{\Sigma}^{(N)}=+30$ MeV。

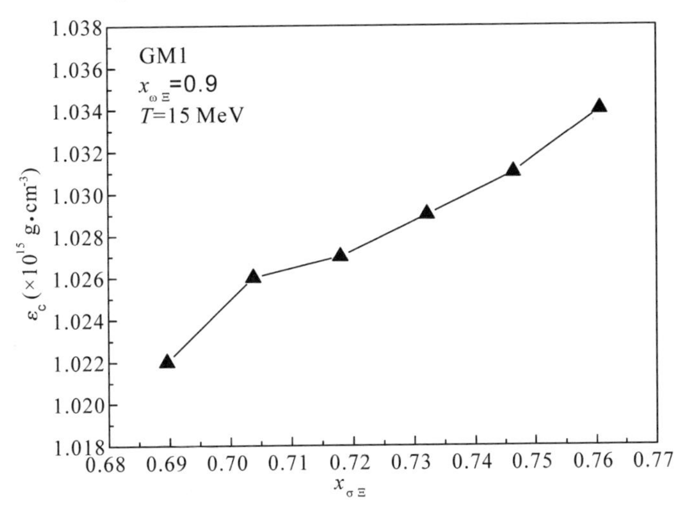

图 5.2−14　前身中子星的中心能量密度随耦合参数比的变化情况

注：计算中，前身中子星的温度取 T= 15 MeV，核子耦合参数取 GM1，超子 Λ、Σ 在饱和核物质中的势阱深度分别取 $U_{\Lambda}^{(N)}=-30$ MeV、$U_{\Sigma}^{(N)}=+30$ MeV。

由图 5.2−13 和图 5.2−14 可知,前身中子星 PSR J0740+6620 的中心重子密度和中心能量密度都随着耦合参数比的增大而增大。当耦合参数比由 0.6896 增大到 0.7606(增大了约 10%)时,前身中子星 PSR J0740+6620 的中心重子密度由 0.533 fm^{-3} 增大到 0.538 fm^{-3}(见表 5.2−1),增大了约 0.9%;前身中子星 PSR J0740+6620 的中心能量密度由 1.022×10^{15} $g\cdot cm^{-3}$ 增大到 1.034×10^{15} $g\cdot cm^{-3}$(见表 5.2−1),增大了约 1%。

前身中子星的中心压强随耦合参数比的变化情况如图 5.2−15 所示。

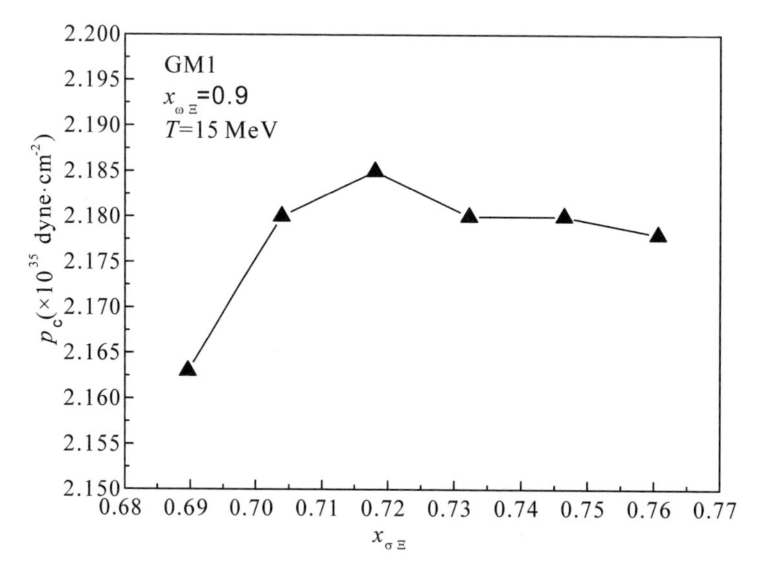

图 5.2−15　前身中子星的中心压强随耦合参数比的变化情况

注:计算中,前身中子星的温度取 T= 15 MeV,核子耦合参数取 GM1,超子 Λ、Σ 在饱和核物质中的势阱深度分别取 $U_{\Lambda}^{(N)}=-30$ MeV、$U_{\Sigma}^{(N)}=+30$ MeV。

由图 5.2−15 可知,前身中子星 PSR J0740+6620 的中心压强先随着耦合参数比的增大而增大。大约在 $x_{\sigma\Xi}=0.72$ 时,p_c 达到极大值。之后,p_c 随着 $x_{\sigma\Xi}$ 的增大而减小。

前身中子星的转动惯量随耦合参数比的变化情况如图 5.2−16 所示。由图 5.2−16 可知,前身中子星 PSR J0740+6620 的转动惯量随着耦合参数比的增大而减小。当 $x_{\sigma\Xi}$ 由 0.6896 增大到 0.7606 时(增大了约 10%),转动惯量由 2.412×10^{45} $g\cdot cm^2$减小到 2.390×10^{45} $g\cdot cm^2$(见表 5.2−1),减小了约 0.9%。

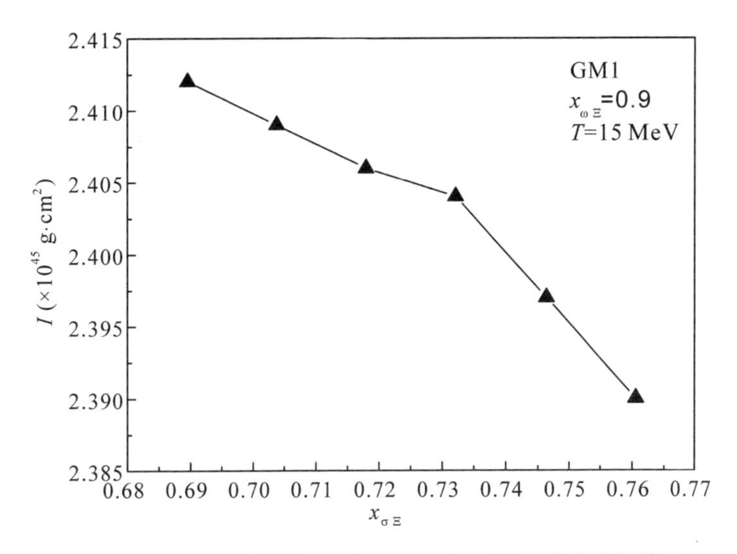

图 5.2-16　前身中子星的转动惯量随耦合参数比的变化情况

注:计算中,前身中子星的温度取 T=15 MeV,核子耦合参数取 GM1,超子 Λ、Σ 在饱和核物质中的势阱深度分别取 $U_\Lambda^{(N)}=-30$ MeV、$U_\Sigma^{(N)}=+30$ MeV。

当超子 Ξ 在饱和核物质中的势阱深度绝对值由 0 MeV 增大到 20 MeV 时,前身中子星各物理量的增大率如图 5.2-17 所示。

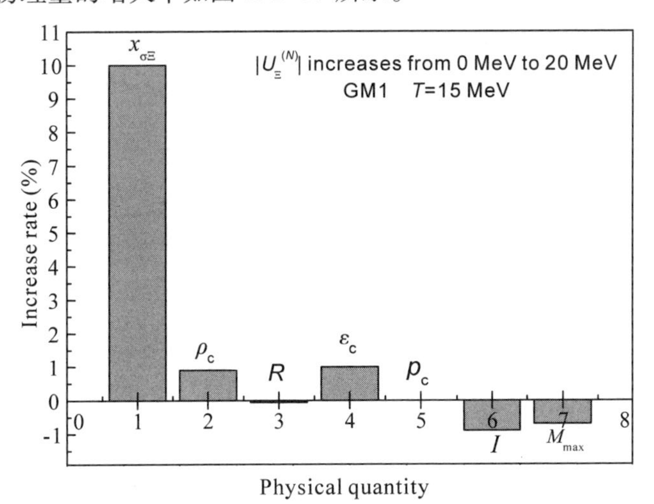

图 5.2-17　前身中子星各物理量增大率

注:超子 Λ、Σ 在饱和核物质中的势阱深度分别取 $U_\Lambda^{(N)}=-30$ MeV、$U_\Sigma^{(N)}=+30$ MeV,超子 Ξ 在饱和核物质中的势阱深度分别取 0 MeV、-4 MeV、-8 MeV、-12 MeV、-16 MeV、-20 MeV。图中纵轴为 $|U_\Xi^{(N)}|$ 由 0 MeV 增大到 20 MeV 时各物理量的增大率。核子耦合参数取 GM1,前身中子星 PSR J0740+6620 的质量取 $M=2.08M_\odot$。介子 ω 和超子 Ξ 之间的耦合参数与介子 ω 和核子之间的耦合参数的比值取 $x_{\omega\Xi}=0.9$。计算中,前身中子星的温度取 T=15 MeV。

由图 5. 2-17 可知,当超子 Ξ 在饱和核物质中的势阱深度绝对值由 0 MeV 增大到 20 MeV 时,耦合参数比、中心重子密度和中心能量密度都增大,其中耦合参数比增大得最多,约增大 10%;而前身中子星的最大质量、半径、转动惯量都减小,其中转动惯量减小得最多,约减小 0. 9%。

5. 2. 5 总结

本小节利用相对论平均场理论,考虑到重子八重态,计算研究了超子 Ξ 在饱和核物质中的势阱深度对前身中子星 PSR J0740+6620 转动惯量的影响。前身中子星的温度取 T=15 MeV,核子耦合参数取 GM1,超子 Λ、Σ 在饱和核物质中的势阱深度分别取 $U_{\Lambda}^{(N)}=-30$ MeV、$U_{\Sigma}^{(N)}=+30$ MeV。超子 Ξ 在饱和核物质中的势阱深度分别取 6 个数值点:0 MeV、-4 MeV、-8 MeV、-12 MeV、-16 MeV、-20 MeV。

计算表明,前身中子星物质的能量密度随着重子密度的增大而增大。对于同一重子密度,能量密度随着超子 Ξ 在饱和核物质中势阱深度绝对值的增大而增大。并且前身中子星 PSR J0740+6620 的中心能量密度也随着超子 Ξ 在饱和核物质中势阱深度绝对值的增大而增大。当超子 Ξ 在饱和核物质中的势阱深度绝对值由 0 MeV 增大到 20 MeV 时,前身中子星 PSR J0740+6620 的中心能量密度由 1.022×10^{15} g · cm^{-3} 增大到 1.034×10^{15} g · cm^{-3},增大了约 1%。

前身中子星物质的压强随着重子密度的增大而增大。对于同一重子密度,压强随着超子 Ξ 在饱和核物质中势阱深度绝对值的增大而减小。前身中子星 PSR J0740+6620 的中心压强先是随着超子 Ξ 在饱和核物质中势阱深度绝对值的增大而增大,超子 Ξ 在饱和核物质中的势阱深度大约在-8 MeV 时,中心压强达到最大值;之后,中心压强随着超子 Ξ 在饱和核物质中势阱深度绝对值的增大而减小。在前身中子星 PSR J0740+6620 质量的约束下,当超子 Ξ 在饱和核物质中的势阱深度绝对值由 0 MeV 增大到 20 MeV 时,前身中子星 PSR J0740+6620 的中心压强由 2.163×10^{35} dyne · cm^{-2} 增大到 2.178×10^{35} dyne · cm^{-2},增大了约 0. 7%。

前身中子星的转动惯量随中心能量密度的变化有一个峰值。相对于同一中心能量密度,前身中子星的转动惯量随着超子 Ξ 在饱和核物质中势阱深度绝对值的增大而减小。前身中子星的转动惯量先随着质量的增大而增大,达到峰值后又随着质量的增大而减小。而前身中子星的转动惯量则随着半径的增大而增大。相对于同一质量,前身中子星的转动惯量随着超子 Ξ 在饱和核物质中势阱深度绝对值的增大而减小。

耦合参数比随着超子 Ξ 在饱和核物质中势阱深度绝对值的增大而增大。当超子 Ξ 在饱和核物质中的势阱深度绝对值由 0 MeV 增大到 20 MeV 时,耦合参数比由 0.6896 增大到 0.7606,增大了约 10%。

前身中子星的中心重子密度和中心能量密度都随着耦合参数比的增大而增大。当耦合参数比由 0.6896 增大到 0.7606 时(增大了约 10%),前身中子星 PSR J0740+6620 的中心重子密度由 0.533 fm^{-3} 增大到 0.538 fm^{-3},增大了约 0.9%;前身中子星 PSR J0740+6620 的中心能量密度由 1.022×10^{15} g · cm^{-3} 增大到 1.034×10^{15} g · cm^{-3},增大了约 1%。

前身中子星的最大质量、半径和转动惯量都随着耦合参数比的增大而减小。当耦合参数比由 0.6896 增大到 0.7606 时(增大了约 10%),前身中子星的最大质量由 $2.267M_{\odot}$ 减小到 $2.250M_{\odot}$,减小了约 0.7%;前身中子星 PSR J0740+6620 的半径由 13.855 km 减小到 13.846 km,减小了约 0.06%;前身中子星 PSR J0740+6620 的转动惯量由 2.412×10^{45} g · cm^2 减小到 2.390×10^{45} g · cm^2,减小了约 0.9%。

5.3 超子在饱和核物质中的势阱深度对前身中子星 PSR J0740+6620 表面引力红移的影响

由于中子星的表面引力红移与质量和半径密切相关,因此表面引力红移的观测与理论研究对于中子星质量和半径的观测和计算很重要[1]。1984 年,Lindblom 等推导了一定质量的非旋转中子星表面引力红移的上下限。对于质量为 $1.4M_{\odot}$ 的典型质量中子星,当假设中子星物质的状态方程密度低于核密度($\rho_0=3\times10^{14}$ g · cm^{-3})时,表面引力红移为 $0.854\geqslant z\geqslant0.184$[55]。

1986 年,Liang 考虑了已测量的 300~511 keV 范围内的伽玛射线暴对湮灭线所提供的中子星表面红移数据,他们得出结论:中子星表面引力红移的范围应该为 0.2~0.5,主要集中在 0.25~0.35 的狭窄范围内。结合来自 X 射线和双星脉冲星的大量数据,这些数据有利于较软的中子星状态方程模型。这反过来又将中子星的四极振动频率限制在 2.2~2.9 kHz 的狭窄范围内,将引力辐射阻尼时间限制在 0.1~0.25 s[56]。RX J1856.5−3754 是一颗较明亮的、离地较近的中子星。2007 年,Wynn 发现该中子星最新的磁性氢大气模型很好地匹配了从 X 射线到光学的整个光谱,最适合的中子星半径 $R\approx14$ km,表面引力红移 $z\sim0.2$,磁场 $B\approx4\times$

10^{12} G[57]。

2017 年,Hendi 等研究了大质量引力背景下中子星的结构。他们考虑了中子星物质的状态方程,研究了中子星的不同物理性质(如勒夏特列原理、稳定性和能量条件)。结果表明,大质量引力的考虑对中子星的结构有具体贡献,为大质量物理天体的研究提供了新的思路。同时,他们还讨论了质量-半径关系,研究了大质量产生的引力对史瓦西半径、平均密度、致密度、表面引力红移和动力学稳定性的影响[58]。

对于近些年观测到的大质量中子星 PSR J1614-2230[21-22]、PSR J0348+0432[23]和 PSR J0740+6620[24],其质量和半径的观测和计算必然与其表面引力红移的观测密切相关,尤其是对于迄今为止发现的最大质量的中子星 PSR J0740+6620[24-26],情况更是这样。但是,截至目前,人们关于大质量前身中子星 PSR J0740+6620 表面引力红移的理论研究还开展得较少。

本小节考虑到重子八重态,利用相对论平均场理论,计算研究了超子 Ξ 在饱和核物质中的势阱深度对前身中子星 PSR J0740+6620 表面引力红移的影响。

5.3.1 计算理论和参数选取

计算前身中子星的相对论平均场理论见 1.1 节,计算前身中子星表面引力红移的公式见 1.4 节。计算中,我们考虑了超子之间的相互作用。

为了找到合适的核子耦合参数来描述前身中子星 PSR J0740+6620,我们选择了如下核子耦合参数进行计算:NL1[27]、GL85[28]、GL97[1]、GM1[29]、FSUGold[30]、FSU2R[31]、FSU2H[31]。此处,前身中子星 PSR J0740+6620 的温度取 $T=15$ MeV[32]。

超子耦合参数与核子耦合参数的比值采用式(2.1-1)、式(2.1-2)和式(2.1-3)来定义。由夸克结构的 SU(6)对称性[31,33]来选择超子耦合参数与核子耦合参数的比值 $x_{\rho h}$。由以前的研究可知,前身中子星的质量随着 $x_{\sigma h}$ 和 $x_{\omega h}$[33]的增大而增大。因此,我们必须选择一个较大的耦合参数比 $x_{\omega h}$ 才能计算得到更大的前身中子星质量。我们取 $x_{\omega h}=0.9$,而 $x_{\sigma h}$ 由拟合超子在饱和核物质中的势阱深度计算式[式(2.1-4)]求出。

超子 Λ、Σ 在饱和核物质中的势阱深度分别取 $U_{\Lambda}^{(N)}=-30$ MeV[34-36]、$U_{\Sigma}^{(N)}=+30$ MeV[34-37]。为了选取可以描述前身中子星 PSR J0740+6620 的合适的核子耦合参数,我们先选取超子 Ξ 在饱和核物质中的势阱深度:$U_{\Xi}^{(N)}=-20$ MeV[19]。介子 σ^*、φ 与超子之间耦合参数的选取参考式(2.1-5)、式(2.1-6)和式(2.1-7)。

前身中子星的质量随半径的变化情况如图 5.3-1 所示。由图 5.3-1 和表 5.3-1 可知,只有核子耦合参数 GM1、NL1 和 FSU2H 可以给出前身中子星 PSR J0740+6620 的质量。

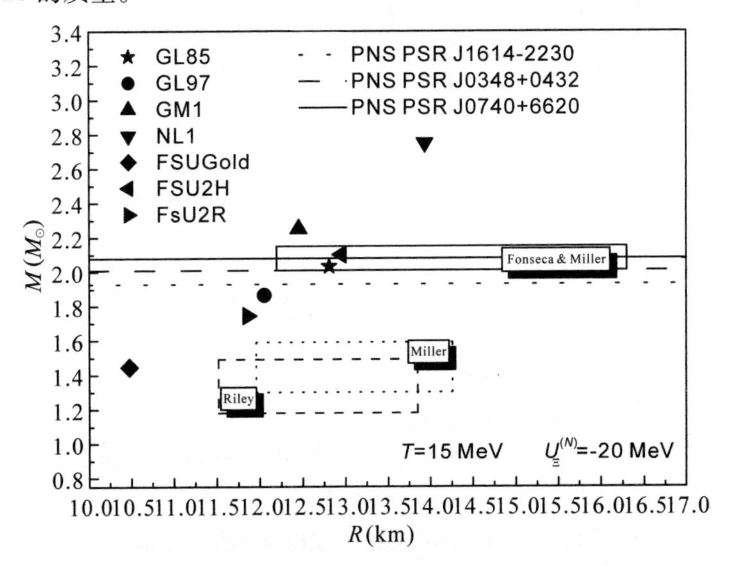

图 5.3-1　前身中子星的质量随半径的变化情况

注:前身中子星的温度取 $T=15$ MeV,超子在饱和核物质中的势阱深度分别取 $U_{\Lambda}^{(N)}=-30$ MeV、$U_{\Sigma}^{(N)}=+30$ MeV、$U_{\Xi}^{(N)}=-20$ MeV。三条粗横线分别表示前身中子星 PSR J1614-2230、PSR J0348+0432 和 PSR J0740+6620 的质量。三个方框内的区域分别表示 Fonseca 等和 Miller 等关于前身中子星 PSR J0740+6620 质量和半径的结果、Miller 等和 Riley 等关于前身中子星 PSR J0030+0451 质量和半径的结果。

表 5.3-1　不同核子耦合参数计算得到的前身中子星的最大质量

参数	R_{max}(km)	$M_{max}(M_{\odot})$
GL85	12.811	2.032
GL97	12.054	1.866
GM1	12.455	2.250
NL1	13.939	2.748
FSUGold	10.477	1.446
FSU2H	12.954	2.100
FSU2R	11.858	1.744

注:超子在饱和核物质中的势阱深度分别取 $U_{\Lambda}^{(N)}=-30$ MeV、$U_{\Sigma}^{(N)}=+30$ MeV、$U_{\Xi}^{(N)}=-20$ MeV。M_{max} 和 R_{max} 分别表示前身中子星的最大质量和最大质量对应的半径。前身中子星的温度取 $T=15$ MeV。

三组核子耦合参数(GM1、NL1、FSU2H)给出的前身中子星的质量随半径的变化情况如图 5.3-2 所示。

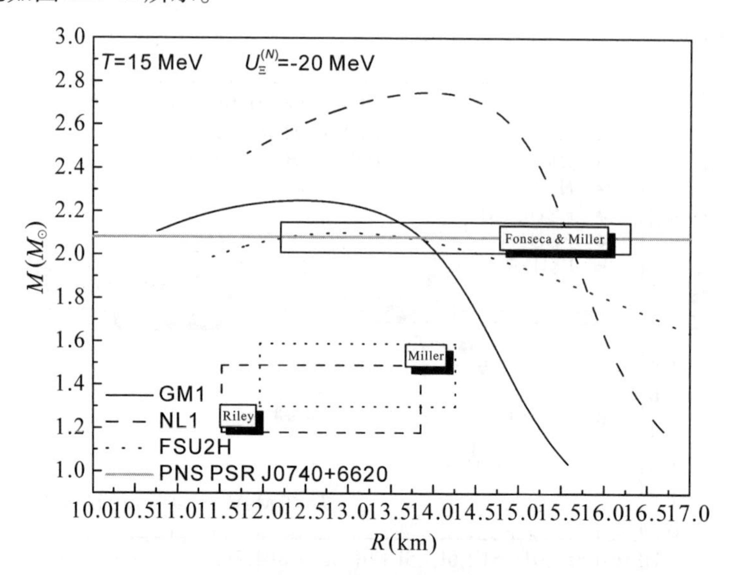

图 5.3-2 前身中子星的质量随半径的变化情况

注:计算中,前身中子星的温度取 $T=15$ MeV,超子在饱和核物质中的势阱深度分别取 $U_{\Lambda}^{(N)}=-30$ MeV、$U_{\Sigma}^{(N)}=+30$ MeV、$U_{\Xi}^{(N)}=-20$ MeV,粗横线表示前身中子星 PSR J0740+6620 的质量。三个方框内的区域分别表示 Fonseca 等和 Miller 等得到的前身中子星 PSR J0740+6620 的质量和半径的结果、Miller 等和 Riley 等得到的前身中子星 PSR J0030+0451 的质量和半径的结果。

由 5.3-2 可知,核子耦合参数 GM1 给出的前身中子星的半径和质量与 Fonseca 等、Miller 等和 Miller 等与 Riley 等的结果更为符合。因此,我们采用核子耦合参数 GM1 来研究超子 Ξ 在饱和核物质中的势阱深度对前身中子星 PSR J0740+6620 表面引力红移的影响。本研究中,超子 Ξ 在饱和核物质中的势阱深度分别取 6 个数值点:0 MeV、-4 MeV、-8 MeV、-12 MeV、-16 MeV、-20 MeV。

5.3.2 前身中子星 PSR J0740+6620 的半径、能量密度和压强

前身中子星的质量随半径的变化情况如图 5.3-3 所示。由图 5.3-3 可知,前身中子星的质量随着半径的增大而减小。这意味着前身中子星的质量越大,引力越强,半径越小。相对于同一半径,前身中子星的质量随着超子 Ξ 在饱和核物质中势阱深度绝对值的增大而减小。这表明,相对于同一半径,越深的超子在饱和核物质中的势阱深度对应着越小的前身中子星的质量。在质量 $M=2.08M_{\odot}$ 的

约束下，前身中子星 PSR J0740+6620 的半径随着超子 Ξ 在饱和核物质中势阱深度绝对值的增大而减小，这个结论也可由表 5.3-2 得到。

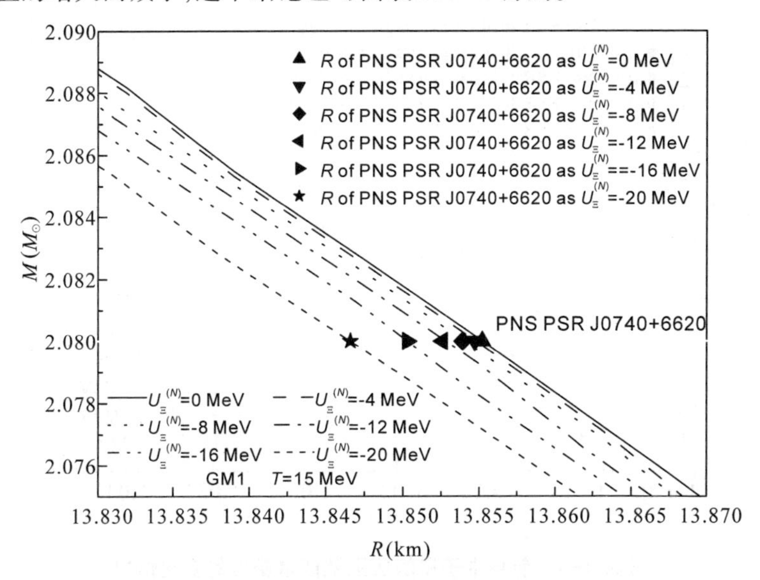

图 5.3-3　前身中子星的质量随半径的变化情况

注：计算中，前身中子星的温度取 $T=15$ MeV，超子在饱和核物质中的势阱深度分别取 $U_{\Lambda}^{(N)}=-30$ MeV、$U_{\Sigma}^{(N)}=+30$ MeV，$U_{\Xi}^{(N)}$ 取 0 MeV、−4 MeV、−8 MeV、−12 MeV、−16 MeV、−20 MeV。粗横线表示前身中子星 PSR J0740+6620 的质量。核子耦合参数取 GM1。

表 5.3-2　前身中子星 PSR J0740+6620 各物理量的计算结果

$U_{\Xi}^{(N)}$ (MeV)	$x_{\sigma\Xi}$	R (km)	ε_c ($\times10^{15}$ g·cm^{-3})	p_c ($\times10^{35}$ dyne·cm^{-2})	M/R ($M_{\odot}$/km)	z
0	0.6896	13.8552	1.0215	2.1661	0.15013	0.34033
−4	0.7038	13.8547	1.0221	2.1664	0.15014	0.34035
−8	0.7180	13.8539	1.0237	2.1680	0.15015	0.34037
−12	0.7322	13.8526	1.0257	2.1700	0.15017	0.34043
−16	0.7464	13.8503	1.0290	2.1740	0.15018	0.34050
−20	0.7606	13.8466	1.0340	2.1810	0.15020	0.34065

注：R、ε_c 和 p_c 分别表示前身中子星 PSR J0740+6620 的半径、中心能量密度和中心压强。M/R 和 z 分别表示前身中子星 PSR J0740+6620 的质量半径比和表面引力红移。$U_{\Xi}^{(N)}$ 表示超子 Ξ 在饱和核物质中的势阱深度，$x_{\sigma\Xi}$ 表示介子 σ 和超子 Ξ 之间的耦合参数与介子 σ 和核子之间的耦合参数的比值。核子耦合参数取 GM1，前身中子星 PSR J0740+6620 的质量取 $M=2.08M_{\odot}$。介子 ω 和超子 Ξ 之间的耦合参数与介子 ω 和核子之间的耦合参数的比值取 $x_{\omega\Xi}=0.9$。

前身中子星的压强随能量密度的变化情况如图 5. 3-4 所示。

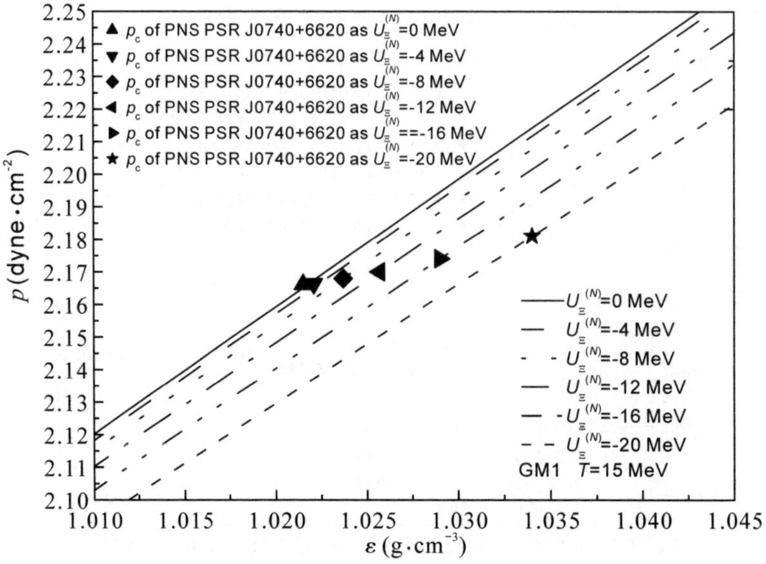

图 5. 3-4 前身中子星的压强随能量密度的变化情况

注:计算中,前身中子星的温度取 $T=15$ MeV,超子在饱和核物质中的势阱深度分别取 $U_{\Lambda}^{(N)}=-30$ MeV、$U_{\Sigma}^{(N)}=+30$ MeV,$U_{\Xi}^{(N)}$ 取 0 MeV、-4 MeV、-8 MeV、-12 MeV、-16 MeV、-20 MeV。核子耦合参数取 GM1。

由图 5. 3-4 可知,前身中子星物质的压强随着能量密度的增大而增大。相对于同一能量密度,前身中子星的压强随着超子 Ξ 在饱和核物质中势阱深度绝对值的增大而减小。

由图 5. 3-4 还可知,前身中子星 PSR J0740+6620 的中心能量密度和中心压强都随着超子 Ξ 在饱和核物质中势阱深度绝对值的增大而增大。这是前身中子星 PSR J0740+6620 质量 $M=2.08M_{\odot}$ 约束的结果。这个结果也可由表 5. 3-2 得到。

5. 3. 3 前身中子星 PSR J0740+6620 的表面引力红移

前身中子星的表面引力红移随能量密度的变化情况如图 5. 3-5 所示。由图 5. 3-5 可知,前身中子星的表面引力红移随着中心能量密度的增大而增大。中心能量密度越大,给出的表面引力红移也越大。相对于同一中心能量密度,前身中子星的表面引力红移随着超子 Ξ 在饱和核物质中势阱深度绝对值的增大而减小。这就是说,越深的超子在饱和核物质中的势阱深度将给出较小的前身中子星的表面引力红移。

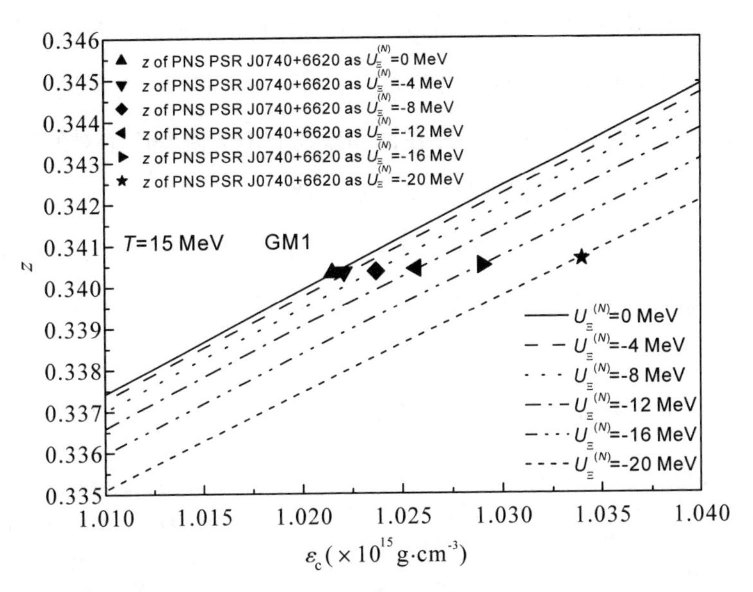

图 5.3-5　前身中子星的表面引力红移随能量密度的变化情况

注:计算中,前身中子星的温度取 $T=15$ MeV,超子在饱和核物质中的势阱深度分别取 $U_{\Lambda}^{(N)}=-30$ MeV、$U_{\Sigma}^{(N)}=+30$ MeV,$U_{\Xi}^{(N)}$ 取 0 MeV、-4 MeV、-8 MeV、-12 MeV、-16 MeV、-20 MeV。核子耦合参数取 GM1。

前身中子星的表面引力红移随质量的变化情况如图 5.3-6 所示。

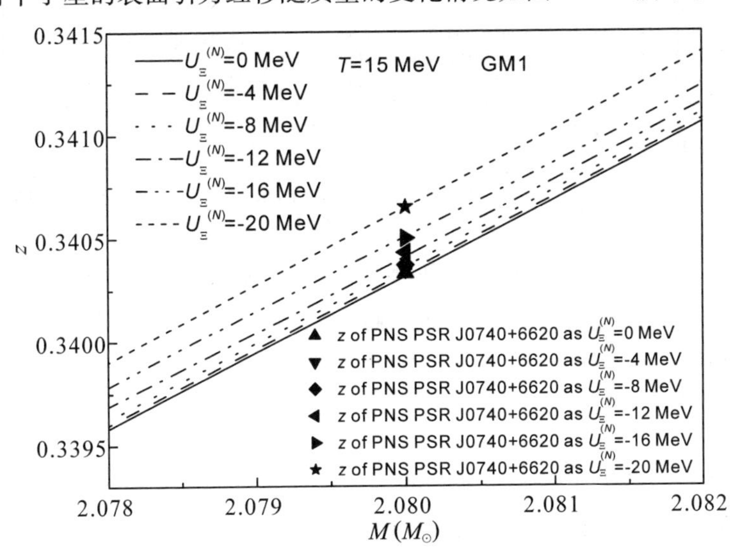

图 5.3-6　前身中子星的表面引力红移随质量的变化情况

注:计算中,前身中子星的温度取 $T=15$ MeV,超子在饱和核物质中的势阱深度分别取 $U_{\Lambda}^{(N)}=-30$ MeV、$U_{\Sigma}^{(N)}=+30$ MeV,$U_{\Xi}^{(N)}$ 取 0 MeV、-4 MeV、-8 MeV、-12 MeV、-16 MeV、-20 MeV。核子耦合参数取 GM1。

由图 5.3-6 可知,前身中子星的表面引力红移随着质量的增大而增大。这意味着较大的前身中子星质量能给出较大的表面引力红移。相对于同一质量,前身中子星的表面引力红移随着超子 Ξ 在饱和核物质中势阱深度绝对值的增大而增大。这表明,较深的超子在饱和核物质中的势阱深度将给出较大的前身中子星的表面引力红移。在质量 $M=2.08M_{\odot}$ 的约束下,前身中子星 PSR J0740+6620 的表面引力红移随着超子 Ξ 在饱和核物质中势阱深度绝对值的增大而增大。这也可由表 5.3-2 得到。

前身中子星的表面引力红移随半径的变化情况如图 5.3-7 所示。

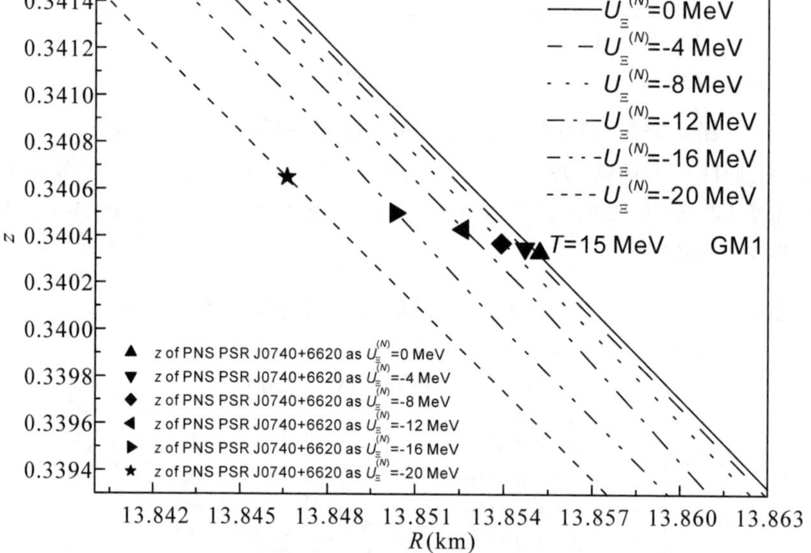

图 5.3-7 前身中子星的表面引力红移随半径的变化情况

注:计算中,前身中子星的温度取 $T=15$ MeV,超子在饱和核物质中的势阱深度分别取 $U_{\Lambda}^{(N)}=-30$ MeV、$U_{\Sigma}^{(N)}=+30$ MeV,$U_{\Xi}^{(N)}$ 取 0 MeV、−4 MeV、−8 MeV、−12 MeV、−16 MeV、−20 MeV。核子耦合参数取 GM1。

由图 5.3-7 可知,前身中子星的表面引力红移随着半径的增大而减小。这意味着较大的前身中子星半径能给出较小的表面引力红移。相对于同一半径,前身中子星的表面引力红移随着超子 Ξ 在饱和核物质中势阱深度绝对值的增大而减小。这表明,较深的超子在饱和核物质中的势阱深度将给出较小的前身中子星的表面引力红移。在质量 $M=2.08M_{\odot}$ 的约束下,前身中子星 PSR J0740+6620 的表面引力红移随着超子 Ξ 在饱和核物质中势阱深度绝对值的增大而增大。这也可由表 5.3-2 得到。

前身中子星的质量半径比随中心能量密度的变化情况如图 5.3-8 所示。

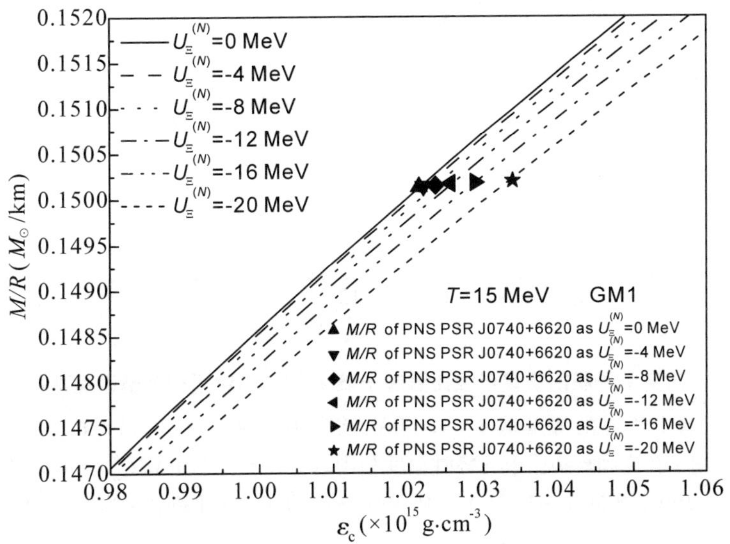

图 5.3-8 前身中子星的质量半径比随中心能量密度的变化情况

注:计算中,前身中子星的温度取 $T=15$ MeV,超子在饱和核物质中的势阱深度分别取 $U_{\Lambda}^{(N)}=-30$ MeV、$U_{\Sigma}^{(N)}=+30$ MeV,$U_{\Xi}^{(N)}$ 取 0 MeV、-4 MeV、-8 MeV、-12 MeV、-16 MeV、-20 MeV。核子耦合参数取 GM1。

由图 5.3-8 可知,前身中子星的质量半径比随着能量密度的增大而增大。相对于同一中心能量密度,前身中子星的质量半径比随着超子 Ξ 在饱和核物质中势阱深度绝对值的增大而减小。这表明,较深的超子在饱和核物质中的势阱深度将给出较小的质量半径比。

前身中子星的质量半径比随超子 Ξ 在饱和核物质中的势阱深度的变化情况如图 5.3-9 所示。由图 5.3-9 可知,前身中子星 PSR J0740+6620 的质量半径比随着超子 Ξ 在饱和核物质中势阱深度绝对值的增大而增大。这表明,较深的超子在饱和核物质中的势阱深度给出较大的质量半径比。

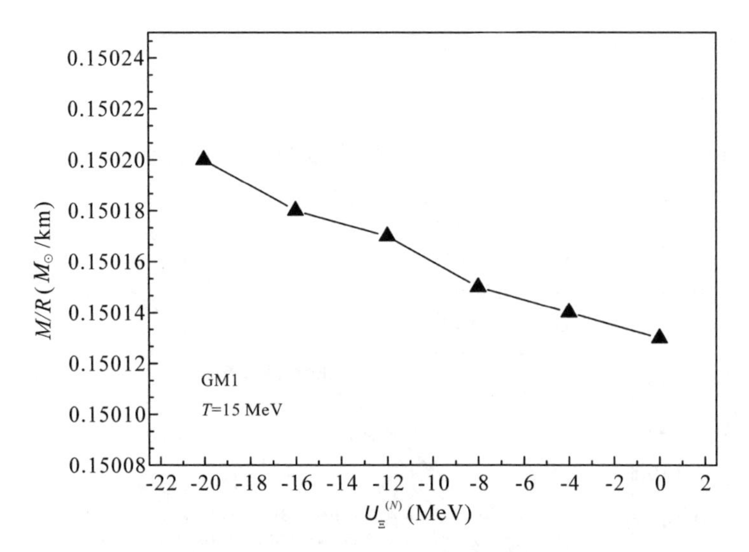

图 5.3-9　前身中子星的质量半径比随超子 Ξ 在饱和核物质中的势阱深度的变化情况

注:计算中,前身中子星的温度取 $T=15$ MeV,前身中子星 PSR J0740+6620 的质量取 $M=2.08M_{\odot}$,超子在饱和核物质中的势阱深度分别取 $U_{\Lambda}^{(N)}=-30$ MeV、$U_{\Sigma}^{(N)}=+30$ MeV,$U_{\Xi}^{(N)}$ 取 0 MeV、-4 MeV、-8 MeV、-12 MeV、-16 MeV、-20 MeV。核子耦合参数取 GM1。

前身中子星的表面引力红移随质量半径比的变化情况如图 5.3-10 所示。

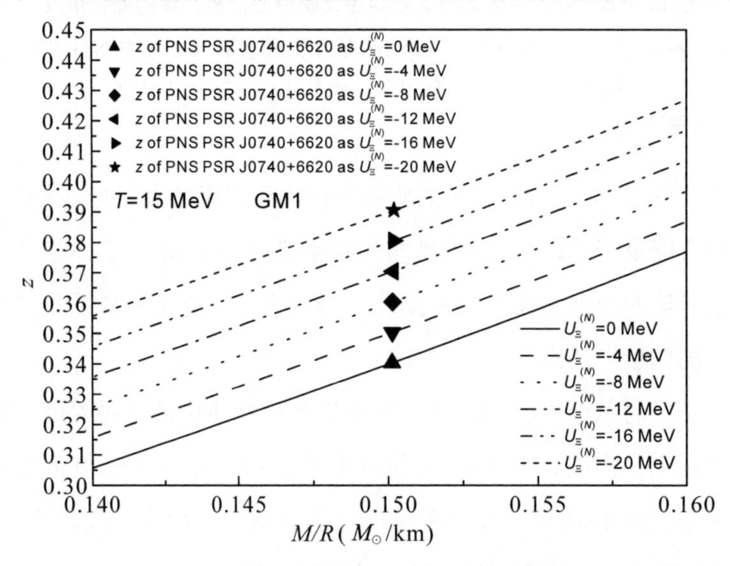

图 5.3-10　前身中子星的表面引力红移随质量半径比的变化情况

注:计算中,前身中子星的温度取 $T=15$ MeV,超子在饱和核物质中的势阱深度分别取 $U_{\Lambda}^{(N)}=-30$ MeV、$U_{\Sigma}^{(N)}=+30$ MeV,$U_{\Xi}^{(N)}$ 取 0 MeV、-4 MeV、-8 MeV、-12 MeV、-16 MeV、-20 MeV。核子耦合参数取 GM1。为了将不同超子 Ξ 在饱和核物质中势阱深度的表面引力红移区分开来,我们将相邻 $U_{\Xi}^{(N)}$ 的 z 值加 0.01,即 $z\to z+0.01$。

由图 5. 3-10 可知,前身中子星的表面引力红移随着质量半径比的增大而增大。相对于同一质量半径比,前身中子星的表面引力红移随着超子 Ξ 在饱和核物质中势阱深度绝对值的增大而增大。这与质量半径比随超子 Ξ 在饱和核物质中势阱深度绝对值的变化规律是一致的。

前身中子星的表面引力红移随超子 Ξ 在饱和核物质中的势阱深度的变化情况如图 5. 3-11 所示,由图可知,前身中子星 PSR J0740+6620 的表面引力红移随着 Ξ 超子在饱和核物质中的势阱深度绝对值的增大而增大。

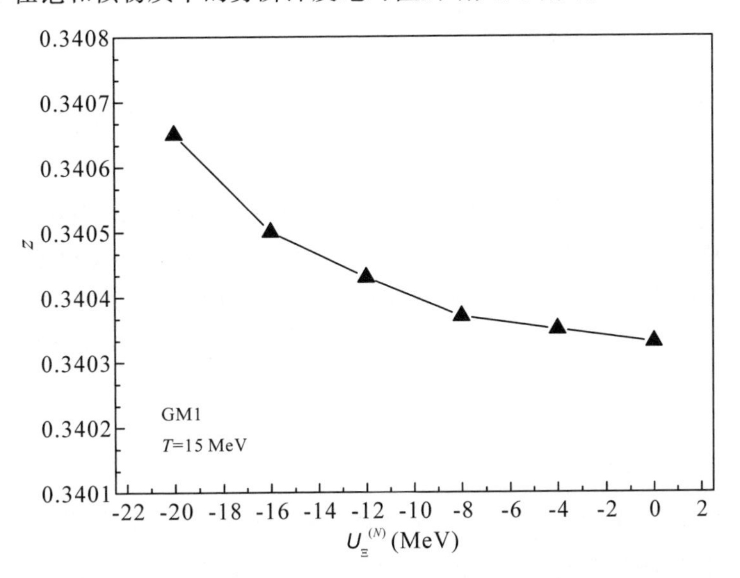

图 5. 3-11　前身中子星的表面引力红移随超子 Ξ 在饱和核物质中的势阱深度的变化情况

注:计算中,前身中子星的温度取 $T=15$ MeV,前身中子星 PSR J0740+6620 的质量取 $M=2.08M_{\odot}$ 超子在饱和核物质中的势阱深度分别取 $U_{\Lambda}^{(N)}=-30$ MeV、$U_{\Sigma}^{(N)}=+30$ MeV,$U_{\Xi}^{(N)}$ 取 0 MeV、-4 MeV、-8 MeV、-12 MeV、-16 MeV、-20 MeV。核子耦合参数取 GM1。

前身中子星的表面引力红移随耦合参数比的变化情况如图 5. 3-12 所示。由图 5. 3-12 可知,前身中子星 PSR J0740+6620 的表面引力红移随着耦合参数比的增大而增大。当耦合参数比由 0. 6896 增大到 0. 7606(或者超子 Ξ 在饱和核物质中的势阱深度绝对值由 0 MeV 增大到 20 MeV)时,前身中子星 PSR J0740+6620 的表面引力红移由 0. 34033 增大到 0. 34065,增大了约 0. 1%。

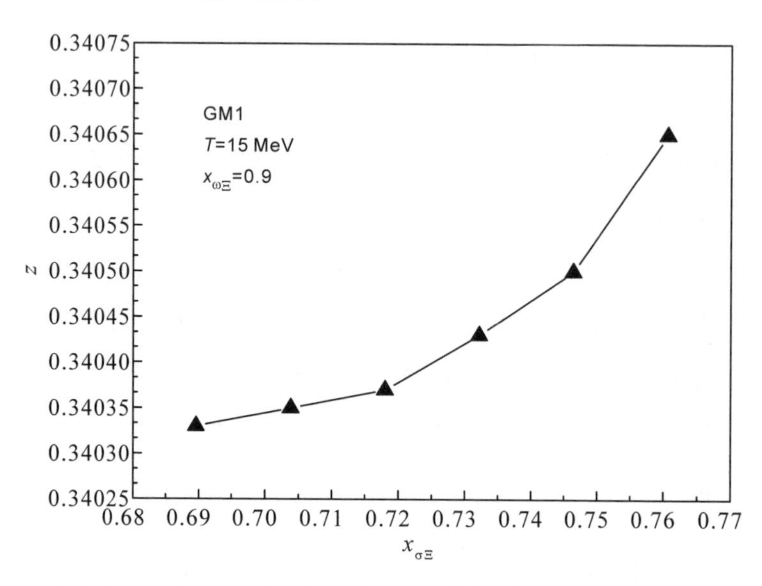

图 5. 3-12　前身中子星的表面引力红移随耦合参数比的变化情况

注:计算中,前身中子星的温度取 $T=15$ MeV,前身中子星 PSR J0740+6620 的质量取 $M=2.08M_{\odot}$,超子在饱和核物质中的势阱深度分别取 $U_{\Lambda}^{(N)}=-30$ MeV、$U_{\Sigma}^{(N)}=+30$ MeV,$U_{\Xi}^{(N)}$ 取 0 MeV、-4 MeV、-8 MeV、-12 MeV、-16 MeV、-20 MeV。核子耦合参数取 GM1。

5. 3. 4　总结

本小节考虑到重子八重态,利用相对论平均场理论,计算研究了超子 Ξ 在饱和核物质中的势阱深度对前身中子星 PSR J0740+6620 表面引力红移的影响。核子耦合参数取 GM1,前身中子星的温度取 $T=15$ MeV,超子 Ξ 在饱和核物质中的势阱深度分别取 6 个数值点:0 MeV、-4 MeV、-8 MeV、-12 MeV、-16 MeV、-20 MeV。

研究发现,前身中子星的质量随着半径的增大而减小。相对于同一半径,前身中子星的质量随着超子 Ξ 在饱和核物质中势阱深度绝对值的增大而减小。在质量 $M=2.08M_{\odot}$的约束下,前身中子星 PSR J0740+6620 的半径随着超子 Ξ 在饱和核物质中势阱深度绝对值的增大而减小。

前身中子星物质的压强随着能量密度的增大而增大。相对于同一能量密度,前身中子星的压强随着超子 Ξ 在饱和核物质中势阱深度绝对值的增大而减小。前身中子星 PSR J0740+6620 的中心能量密度和中心压强都随着超子 Ξ 在饱和核物质中势阱深度绝对值的增大而增大。

前身中子星的表面引力红移随着中心能量密度和质量的增大而增大,随着半径的增大而减小。相对于同一中心能量密度,前身中子星的表面引力红移随着超子 Ξ 在饱和核物质中势阱深度绝对值的增大而减小;相对于同一质量,前身中子星的表面引力红移随着超子 Ξ 在饱和核物质中势阱深度绝对值的增大而增大;相对于同一半径,前身中子星的表面引力红移随着超子 Ξ 在饱和核物质中势阱深度绝对值的增大而减小。

前身中子星的质量半径比随着能量密度的增大而增大。相对于同一中心能量密度,前身中子星的质量半径比随着超子 Ξ 在饱和核物质中势阱深度绝对值的增大而减小。并且,前身中子星 PSR J0740+6620 的质量半径比随着超子 Ξ 在饱和核物质中势阱深度绝对值的增大而增大。前身中子星的表面引力红移随着质量半径比的增大而增大。相对于同一质量半径比,前身中子星的表面引力红移随着超子 Ξ 在饱和核物质中势阱深度绝对值的增大而增大。前身中子星 PSR J0740+6620 的表面引力红移随着耦合参数比的增大而增大。当耦合参数比由 0.6896 增大到 0.7606(或者超子 Ξ 在饱和核物质中的势阱深度绝对值由 0 MeV 增大到 20 MeV)时,前身中子星 PSR J0740+6620 的表面引力红移由 0.34033 增大到 0.34065,增大了约 0.1%。

参考文献

[1] Glendenning N K. Compact Stars: Nuclear Physics, Particle Physics, and General Relativity[M]. New York: Springer-Verlag, New York, Inc, 1997.

[2] Millener D J, Dover C B, Gal A. Λ-nucleus single-particle potentials[J]. Phys. Rev. C, 1988, 38: 2700.

[3] Haidenbauer J, Meißner Ulf-G. A study of hyperons in nuclear matter based on chiral effective field theory[J]. Nucl. Phys. A, 2015, 936: 29.

[4] Gal A, Hungerford E V, Millener D J. Strangeness in nuclear physics[J]. Rev. Mod. Phys., 2016, 88: 035004.

[5] Dover C B, Gal A. Hyperon-nucleus potentials[J]. Progress in Particle and Nuclear Physics, 1984, 12: 171-239.

[6] Dover C B, Millener D J, Gal A. On the production and spectroscopy of Σ hypernuclei[J]. Phys. Reports, 1989, 184: 1.

[7] Mares J, Friedmana E, Gal A, Jennings B K. Constraints on Σ nucleus dynamics from Dirac phenomenology of Σ- atoms[J]. Nucl. Phys. A, 1995, 594: 311.

[8] Kohno M, Fujiwara Y, Watanabe Y, et al. Strength of the Σ Single-Particle Potential in Nuclei

from Semiclassical Distorted Wave Model Analysis of the (π^-, K^+) Inclusive Spectrum[J]. Prog. Theor. Phys. ,2004,112:895.

[9] Harada T,Hirabayashi Y. Is the Sigma nucleus potential for Sigma atoms consistent with the Si^{28} (π,K) data? [J]. Nucl. Phys. A,2005,759:143.

[10] Harada T,Hirabayashi Y. Σ production spectrum in the inclusive (π,K) reaction on ^{209}Bi and the Σ-nucleus potential[J]. Nucl. Phys. A,2006,767:206.

[11] Kohno M,Fujiwara Y,Watanabe Y,et al. Semiclassical distorted-wave model analysis of the (π^-,K^+)Σ formation inclusive spectrum[J]. Phys. Rev. C,2006,74:064613.

[12] Kohno M,Fujiwara Y,Suzuki Y. Quark-model predictions for the ΞN interaction and the implications for Ξ hypernuclei[J]. Nucl. Phys. A,2010,835:358.

[13] Dover C B,Gal A. Hypernuclei[J]. Ann. Phys. ,1983,146:309.

[14] Schaffner J,Dover C B,Gal A,et al. Multiply strange nuclear systems[J]. Ann. Phys. ,1994, 235:35.

[15] Fukuda T,Higashi A,Matsuyama Y,et al. Cascade hypernuclei in the (K,K^+) reaction on ^{12}C [J]. Phys. Rev. C,1998,58:1306.

[16] Khaustov P,Alburger D E,Barnes P D,et al. Evidence of Ξ hypernuclear production in the ^{12}C (K^-,K^+)^{12}ΞBe reaction[J]. Phys. Rev. C,2000,61:054603.

[17] Harada T,Hirabayashi Y,Umeya A. Production of doubly strange hypernuclei via Ξ^- doorways in the ^{16}O(K^-,K^+) reaction at 1.8 GeV/c[J]. Phys. Lett. B,2010,690:363.

[18] Kohno M,Hashimoto S. Ξ-nucleus potential and (K^-,K^+) inclusive spectrum at Ξ^- production threshold region[J]. Prog. Theor. Phys. ,2010,123:157.

[19] Friedman E,Gal A. Constraints on Ξ^- nuclear interactions from capture events in emulsion[J]. Phys. Lett. B,2021,820:136555.

[20] Hu J N, Zhang Y, Shen H. The ΞN interaction constrained by recent Ξ^- hypernuclei experiments[J]. J. Phys. G. ,2022,49:025104.

[21] Demorest P B,Pennucci T,Ransom S M,et al. A two-solar-mass neutron star measured using Shapiro delay[J]. Nature,2010,467:1081.

[22] Fonseca E,Pennucci T T,Ellis J A,et al. The NANOGravnine-year data set:mass and geometric measurements of binary millisecond pulsars [J]. Astrphys. J. ,2016,832:167.

[23] Antoniadis J,Freire P C C,Wex N,et al. Amassive pulsar in a compact relativistic binary [J]. Science,2013,340:448.

[24] Cromartie H T,Fonseca E,Ransom S M,et al. RelativisticShapiro delay measurements of an extremely massive millisecond pulsar [J]. Nat. Astron. ,2020,4:72.

[25] Fonseca E,Cromartie H T,Pennucci T T,et al. Refinedmass and geometric measurements of the high-mass PSR J0740+6620[J]. Astrophys. J. Lett. ,2021,915:L12.

[26] Miller M C, Lamb F K, Dittmann A J, et al. The radius of PSR J0740+6620 from NICER and XMM-NEWTON data[J]. Astrophys. J. Lett., 2021, 918: L28.

[27] Lee S J, Fink J, Balantekin A B, et al. Relativistic Hartree calculations for axially deformed nuclei[J]. Phys. Rev. Lett., 1986, 57: 2916.

[28] Glendenning N K. Neutron stars are giant hypernuclei? [J]. Astrphys. J., 1985, 293: 470.

[29] Glendenning N K, Moszkowski S A. Reconciliation of neutron-star masses and binding of the Lambda in hypernuclei [J]. Phys. Rev. Lett., 1991, 67: 2414.

[30] Todd-Rutel B G, Piekarewicz J. Neutron-rich nuclei and neutron stars: a new accurately calibrated interaction for the study of neutron-rich matter [J]. Phys. Rev. Lett., 2005, 95: 122501.

[31] Laura T, Mario C, Angels R. The equation of state for the nucleonic and hyperonic core of neutron stars[J]. Publ. Astron. Soc. Aust., 2017, 34: e065.

[32] Burrows A, Lattier J M. The birth of Neutron stars[J]. Astrophy., 1986, 307: 178.

[33] Zhao X F. The composition of baryon in the proto neutron star PSR J0348+0432[J]. Int. J. Theor. Phys., 2019, 58: 1060.

[34] Schaffner-Bielich J, Gal A. Properties of strange hadronic matter in bulk and in finite systems [J]. Phys. Rev. C, 2000, 62: 034311.

[35] Weissenborn S, Chatterjee D, Schaffner-Bielich J. Hyperons and massive neutron stars: the role of hyperon potentials [J]. Nucl. Phys. A, 2012, 881: 62.

[36] Gal A, Hungerford E V, Millener D J. Strangeness in nuclear physics[J]. Rev. Mod. Phys., 2016, 88: 035004.

[37] Batty C J, Friedman E, Gal A. Strong interaction physics from hadronic atoms[J]. Phys. Rep., 1997, 287: 385.

[38] Riley T E, Watts A L, Bogdanov S, et al. A NICERview of PSR J0030+0451: millisecond pulsar parameter estimation[J]. Astrophys. J. Lett., 2019, 887: L21.

[39] Miller M C, Lamb F K, Dittmann A J, et. al. PSR J0030+0451mass and radius from NICER data and implications for the properties of neutron star matter [J]. Astrophys. J. Lett., 2019, 887: L24.

[40] Hartle J B. Slowly rotating relativistic stars Ⅰ. Equations of structure[J]. Astrphys. J., 1967, 150: 1005.

[41] Hartle J B, Thorne K S. Slowly rotating relativistic stars Ⅱ. Models for neutron star and supermassive stars[J]. Astrphys. J., 1968, 153: 807.

[42] Bejger M, Haensel P. Moments of inertia for neutron and strange stars: Limits derived for the Crab pulsar[J]. Astron. Astrophys., 2002, 396: 917.

[43] Morrison I A, Baumgarte T W, Shapiro S L, et al. The moment of inertia of the binary pulsar

J0737-3039A: constraining the nuclear equation of state[J]. Astrophys. J., 2004, 617: L135.

[44] Lattimer J M, Schutz B F. Constraining the equation of state with moment of inertia measurements [J]. Astrophys. J., 2005, 629: 979.

[45] Steiner A W, Gandolfi S, Fattoyev F J, et al. Using neutron star observations to determine crust thicknesses, moment of inertia, and tidal deformabilities[J]. Phys. Rev. C, 2015, 91: 015804.

[46] Breu C, Rezzolla L. Maximum mass, moment of inertia and compactness of relativistic stars[J]. Mon. Not. R. Astron. Soc., 2016, 459: 646.

[47] Raithel C A, Özel F, Psaltis D, et al. Model-independent inference of neutron star radii from moment of inertia measurements [J]. Phys. Rev. C, 2016, 93: 032801.

[48] Staykov K V, Ekşi K Y, Yazadjiev S S. Moment of inertia of neutron star crust in alternative and modified theories of gravity[J]. Phys. Rev. D, 2016, 94: 024056.

[49] Lenka S S, Char P, Banik S, et al. Critical mass, moment of inertia and universal relations of rapidly rotating neutron stars with exotic matter[J]. Int. J. Mod. Phys. D, 2017, 26: 1750127.

[50] Atta D, Mukhopadhyay S, Basu D N. Nuclear constraints on the core-crust transition and crustal fraction of moment of inertia of neutron stars [J]. Indian J Phys., 2017, 91: 235.

[51] Landry P, Kumar B. Constraints on the Moment of Inertia of PSR J0737-3039A from GW170817 [J]. Astrophys. J. Lett., 2018, 868: L22.

[52] Newton W G, Steiner A W, Yagi K. Testing the formation scenarios of binary neutron star systems with measurements of the neutron star moment of inertia[J]. Astrophys. J., 2018, 856: 19.

[53] Bandyopadhyay D, Bhat S A, Char P, et al. Moment of inertia, quadrupole moment, Love number of neutron star and their relations with strange-matter equations of state[J]. Eur. Phys. J. A, 2018, 54: 26.

[54] Popchev D, Staykov K V, Doneva D D, et al. Moment of inertia-mass universal relations for neutron stars in scalar-tensor theory with self-interacting massive scalar field[J]. Eur. Phys. J. C, 2019, 79: 178.

[55] Lindblom L. Limits on the gravitational reshift from neutron stars [J]. Astrophys. J., 1984, 278: 364.

[56] Liang E P. Gamma-ray burst annihilation lines and neutron star structure[J]. Astrophys. J., 1986, 304: 682.

[57] Wynn C G H. Constraining the geometry of the neutron star RX J1856. 5 3754[J]. Mon. Not. R. Astron. Soc., 2007, 380: 71.

[58] Hendi S H, Bordbar G H, Panah B E, et al. Neutron stars structure in the context of massive gravity[J]. J. Cosmol. Astropart. P., 2017, 7: 4.